高等学校物联网工程专业规范

（2020版）

教育部高等学校计算机类专业教学指导委员会　编制
物联网工程专业教学研究专家组

U0255874

机械工业出版社
China Machine Press

图书在版编目（CIP）数据

高等学校物联网工程专业规范（2020 版）/ 教育部高等学校计算机类专业教学指导委员会，物联网工程专业教学研究专家组编制 . —北京：机械工业出版社，2020.11（2021.8 重印）

ISBN 978-7-111-66851-0

I. 高…　II. ① 教…　② 物…　III. 物联网 – 教学研究 – 高等学校　IV. ① TP393.4　② TP18

中国版本图书馆 CIP 数据核字（2020）第 213995 号

出版发行：机械工业出版社（北京市西城区百万庄大街 22 号　邮政编码：100037）

责任编辑：朱　劼		责任校对：殷　虹	
印　　刷：北京捷迅佳彩印刷有限公司		版　　次：2021 年 8 月第 1 版第 2 次印刷	
开　　本：186mm×240mm　1/16		印　　张：13	
书　　号：ISBN 978-7-111-66851-0		定　　价：59.00 元	

客服电话：（010）88361066　88379833　68326294　　　投稿热线：（010）88379604
华章网站：www.hzbook.com　　　　　　　　　　　　　读者信箱：hzjsj@hzbook.com

　　自 2012 年 7 月《高等学校物联网工程专业发展战略研究报告暨专业规范（试行）》和《高等学校物联网工程专业实践教学体系与规范（试行）》（以下简称"规范 1.0 版"）出版以来，教育部高等学校计算机类专业教学指导委员会物联网工程专业教学研究专家组（以下简称"计算机教指委物联网专家组"）进行了 7 年多的专业规范推广工作，有 300 余所高校采用该规范进行专业建设实践，这对国内物联网工程专业办学起到了很好的指导作用。

　　近年来，国内外物联网理论、技术、产业和应用发展迅速。同时，伴随着云计算、大数据、人工智能等新一代信息技术的发展，物联网已经呈现出与这些新技术、新产业融合发展的趋势。物联网产业对于专业人才的能力和知识结构的需求发生了很大变化，专业建设者迫切需要与时俱进地对物联网理论、技术和应用体系进行系统化梳理，凝练对于专业能力和知识体系的新要求，进行新一轮专业课程体系和实践教学体系的设计。为此，计算机教指委物联网专家组在 2016 年初启动了专业规范的修订工作，本书（以下简称"规范 2.0 版"）就是四年来修订工作的成果结晶。

　　在规范修订的过程中，计算机教指委物联网专家组参照

《普通高等学校本科专业类教学质量国家标准》和中国工程教育认证标准，运用系统论方法进行专业顶层设计，界定了本专业学生的基本能力和毕业要求，总结出专业知识体系，设计了专业课程体系和实践教学体系，形成了符合技术发展和社会需求的物联网工程专业人才培养体系。与规范1.0版相比，规范2.0版做了大幅修订，主要体现在如下三个方面：

一是吸收了国内外物联网领域的最新发展成果，系统地梳理了物联网理论、技术和应用体系，重新界定了包括思维能力（人机物融合思维能力）、设计能力（跨域物联系统设计能力）、分析与服务能力（数据处理与智能分析能力）、工程实践能力（物联网系统工程能力）在内的物联网工程专业能力培养需求，以及专业培养目标和毕业要求，厘清了物联网工程专业和计算机科学与技术、电子科学与技术、通信工程等传统专业以及大数据、人工智能等新兴专业的关系。

二是按概念与模型、标识与感知、通信与定位、计算与平台、智能与控制、安全与隐私、工程与应用这7个知识领域进行专业核心知识体系的梳理。对于从其他专业继承来的专业基础课程，不是简单地进行"叠加式"继承，而是按照专业能力培养的需求，对这些课程进行内容上的裁剪、强化、融合设计，达到既能有效控制学分又能体现物联网工程专业特色的目的。对专业主干课程，按7个课程群进行组织，既注意了课程间的衔接、关联的逻辑性，又注意避免课程间内容上的缺失或重复。

三是提出并在全国率先形成了包括专业发展战略研究、专业规范制定与推广、物联网工程专业教学研讨、教学资源建设与共享、创新创业能力培养平台建设、产学合作协同育人专业建设项目等在内的物联网工程专业人才培养生态体系。

本次规范的修订工作由教育部高等学校计算机类专业教学指导委员会副主任、上海交通大学傅育熙教授主持，由专家组成员机械工业出版社华章分社温莉芳、南开大学吴功宜、上海交通大学王东、武汉大学黄传河、西安交通大学桂小林、华中科技大学秦磊华、吉林大学胡成全、四川大学朱敏、国防科技大学方粮、西北工业大学李士宁、机械工业出版社华章分社朱劼等组成规范修订工作组，经过四年的努力共同完成。上海交通大学蒋建伟参加了专业教育资源共享联盟创建和专业核心课程 MOOC 的规划和建设工作，上海交通大学王赓参加了专业实践教学体系部分的编写和实践工作。

规范 2.0 版凝聚了计算机教指委物联网专家组的集体智慧。围绕专业规范的修订工作，专家组先后在 2016 年 1 月（厦门）、2016 年 8 月（天津）、2016 年 10 月（西安）、2017 年 2 月（上海）、2017 年 10 月（武汉）、2018 年 1 月（北京）、2018 年 8 月（长春）、2018 年 12 月（上海）、2019 年 1 月（昆明）、2019 年 8 月（成都）召开规范修订研讨会、磨稿会，并在 2019 年 12 月的厦门会议上定稿。

规范 2.0 版的修订得到了教育部高等学校计算机类专业教学指导委员会原秘书长、北京航空航天大学马殿富教授，教育部高等学校计算机类专业教学指导委员会副主任、北京工业大学蒋宗礼教授，清华大学刘卫东教授，国家物联网基础标准工作组秘书长、中国电子技术标准化研究院张晖主任和徐冬梅高工等专家的大力支持和帮助。德州仪器（TI）、谷歌、Intel 等合作伙伴在教育部产学合作协同育人项目中专门安排物联网工程专业建设课题板块或项目，并大力支持规范的修订工作。华为、中国电信、中国移动、百度、霍尼韦尔 Tridium、ZigBee 联盟、新大陆、小米等在物联网行业内具有影响力和知名度的合作伙伴也通过各种方式对规范的修订工作给予了大力支持。规范的修订和出版工作始终得到了机械工业出版社华章分社的大力支持，特别是朱劼做了大量文字修改、校对和出版组织工作。在此一并表示感谢！

正如规范 1.0 版前言所说，对于这种涉及面较宽、政策性较强的专业办学的研究和相关文件的制订，本规范在内容和形式上还存在不足之处，请学界前辈和读者不吝指教。计算机教指委物联网专家组将本着与时俱进的精神，按照教育部倡导的"战略研究→规范制定→办学评估→战略研究……"专业教育循环改进的思路，在实践中不断修订规范，使其能够对我国物联网工程专业教育和人才培养发挥积极的作用。

教育部高等学校计算机类专业教学指导委员会

物联网工程专业教学研究专家组

2020 年 8 月

物联网被称为继计算机、互联网之后信息产业的第三次浪潮，针对物联网的国家战略以及应用在世界范围内发展迅速。《国务院关于加快培育和发展战略性新兴产业的决定》将以物联网为代表的新一代信息技术列为重点培育和发展的战略性新兴产业，《国民经济和社会发展第十二个五年规划纲要》对培育发展以物联网为代表的新一代信息技术战略性新兴产业做了全面部署。2010年和2011年，教育部先后进行了两批物联网相关专业的审批，据统计，目前国内已经开设55个物联网工程专业、7个传感网技术专业、2个智能电网信息工程专业，物联网相关专业总数达64个，在校学生总数已经达3000人左右，预计2011年底物联网相关专业将达到100个。

2011年5月，教育部发布了《普通高等学校本科专业目录（修订一稿）》（教高厅函〔2011〕28号），明确将原电气信息类（代码：0806）下设立的物联网工程（专业代码：080640S）和传感网技术（专业代码：080641S）合并，列入计算机类专业（代码：0809），新专业名称为"物联网工程"（专业代码：080905），物联网工程专业从少数院校试办走向规范化建设阶段。

不同于计算机类其他专业少则近十年、多则几十年的专业建设历史，物联网在世界范围内的兴起仅仅十年时间，而引起重视并获得快速发展是近几年的事，国内高校开始建设物联网工程专业也只有一年多的时间。物联网工程是一个"新建专业"，又是一个围绕战略"新兴产业"设立的新专业，是一个"与产业启动和发展步伐同步"的新专业。"新建专业""新兴产业"和"与产业启动和发展步伐同步"的"两新一同"属性，决定了物联网工程专业建设极具探索性，需要深入研究并分析，使各个物联网工程专业建设单位具有更好的专业"认知基础"。

为探讨并解决这些问题，国内开设物联网工程专业的高等院校在教育部高等学校计算机科学与技术专业教学指导分委员会（以下简称计算机教指委）的指导下，从 2010 年 7 月起陆续举办了多次物联网工程专业建设研讨会，做了大量富有成效的工作。特别是，2010 年 11 月 21 日，受计算机教指委委托，由教指委副主任傅育熙教授主持，国内开设物联网工程专业的高等院校的有关专家成立了"物联网工程专业教学研究专家组"（以下简称专家组），开始系统化地推进物联网工程专业建设和教学研讨工作。2011 年 4 月，在计算机教指委的指导下，专家组启动了三项工作：1）研究物联网工程专业发展战略；2）制定物联网工程专业规范；3）制定物联网工程专业实践教学体系与规范。本规范即为上述前两项工作的成果总结。

《高等学校物联网工程专业发展战略研究报告》的目的是深入研究物联网工程专业的内涵和外延，分析产业人才培养需求，制定正确的人才目标，对专业建设方法和途径提出战略性建议，建立物联网工程专业的"认知基础"，并进一步指导专业规范和实践教学体系的构建。《高等学校物联网工程专业规范（试行）》吸收和学习了计算机类专业规范编制过程中的经验，将系统性和完整性贯穿于整个工作过程，构建出包括知识领域、知识单元、知识点等的物联网工程专业知识体系和核心课程，指导各办学单位的专业建设工作；同时也留下一定的空间，以利于办学单位根据自己的特色和现有条件，增加其他选修课程，形成专业特色。

本书的编写工作由计算机教指委副主任、上海交通大学傅育熙教授主持，由专家组成员上海交通大学王东、蒋建伟，武汉大学黄传河，四川大学朱敏，西安交通大学桂小林，华中科技大学秦磊华、金海，西北工业大学李士宁，机械工业出版社华章分社温莉芳组成工作组，经过半年多的努力共同完成。其中，傅育熙、王东、蒋建伟、温莉芳共同编写了《高等学校物联网工程专业发展战略研究报告》，由金海审定。黄传河、王东、朱敏、桂小林、秦磊华、李士宁共同完成了《高等学校物联网工程专业规范（试行）》的制定，黄传河负责统稿，由傅育熙审定。

本书凝聚了物联网工程专业教学研究专家组的集体智慧。在 2010 年 7 月物联网工程专业建设论坛（上海）、2010 年 8 月物联网工程专业建设论坛（成都）、2010 年 11 月物联网工程专业建设论坛（上海）、2011 年 4 月物联网工程专业建设论坛（武汉）、2011 年 7 月物联网工程专业课程教学研讨会（宁夏）等会议上，专家组的专家与参会代表进行了交流和讨论，对发展战略研究和专业规范中一些重要观点和思路的形成有很好的启发作用。

计算机教指委秘书长蒋宗礼、副主任王志英和陈道蓄对于物联网工程专业发展战略研究和专业规范的起草给予了自始至终的关注和具体的指导。在发展战略研究报告和专业规范成文之后，计算机教指委组织有关专家进行了评审，计算机教指委蒋宗礼、王志英、马殿富和南开大学吴功宜给出了建设性的修改意见。发展战略研究报告和专业规范正式提交后，蒋宗礼又进行了审定。在此特别表示感谢。

本书的研究和编写工作还得到了武汉大学何炎祥、机械工业出版社李奇的大力支持，四川大学桑永胜、西北工业大学潘巍等人对部分章节的编写提出了宝贵意见，机械工业出版社华章分社朱劼提出了很好的修改意见，并做了大量的文字修改、校对和出版工作。

物联网工程专业是一个"年轻"的专业，其依托的物联网理论、技术和产业的变化依然很快，今天出现在本书中的内容很可能在几年后就显得陈旧过时。因此，专家组将本着与时俱进的精神，按照教育部倡导的"战略研究→规范制定→办学评估→战略研究……"专业教育循环改进的思路，在实践中不断修订这些内容，使其能够为我国物联网工程专业教育发挥积极的作用。

最后，对于这种涉及面较宽、政策性较强的专业办学的研究和相关文件的制订，由于没有成熟的、体系化的经验可以借鉴，内容和形式还存在一些不足之处，请学界前辈和读者不吝指教，我们将在后续修订中校正。

教育部高等学校计算机科学与技术教学指导委员会

物联网工程专业教学研究专家组

2011 年 11 月

目
录

第1章
物联网的起源与发展

物联网是新一代信息网络技术的高度集成和综合运用，是新一轮产业革命的重要方向和推动力量，对培育新的经济增长点、推动产业结构转型升级、提升社会管理和公共服务的效率和水平有重要意义。

1.1 物联网的发展历程

任何一项重大科学技术发展的背后，都必然有其深厚的社会背景与技术背景。

物联网的起源可以追溯到 1995 年，比尔·盖茨在《未来之路》一书中对信息技术未来的发展进行了预测，其中描述了物品接入网络后的一些应用场景，这可以说是物联网概念最早的雏形。但是，由于受到当时无线网络、硬件及传感器设备发展水平的限制，物联网的概念并未引起人们足够的重视。

1999 年，美国麻省理工学院（MIT）的 Auto-ID 实验室提出电子产品代码（Electronic Product Code，EPC）的概念，以及利用射频标签（Radio Frequency Identification，RFID）等信息传感设备将物体与互联网连接起来，实现从网络上获取物品信息的构想。该团队也因此成为率先提出**物联网**（Internet of Things）的概念，并构建"物－物"互联的物联网解决方案和原型系统的团队。

2005 年，国际电信联盟（ITU）发布《ITU 互联网研究报告 2005：物联网》（ITU Internet Report 2005: The Internet of Things），描述了网络技术正沿着"互联

网—移动互联网—物联网"的轨迹发展，指出无所不在的物联网通信时代即将来临，信息与通信技术的目标已经从任何时间、任何地点连接任何人，发展到连接任何物品的阶段，万物的连接就形成了物联网。

欧盟委员会于 2007 年 1 月启动第七个科技框架计划（2007—2013），该框架下的 RFID 和物联网研究项目簇（European Research Cluster on the Internet of Things）团队发布了《物联网战略研究路线图》研究报告，提出物联网是未来 Internet 的一个组成部分，可以被定义为基于标准和可互操作的通信协议，且具有自配置能力的动态的全球网络基础架构。物联网中的"物"都具有标识、物理属性和自身的个性，通过智能接口，实现与信息网络的无缝整合。

2009 年，IBM 提出了"智慧地球"的研究设想，认为 IT 产业下一阶段的任务是把新一代 IT 技术充分运用到各行各业之中，具体地说，就是把感应器嵌入和装备到电网、铁路、桥梁、隧道、公路、建筑、供水系统、大坝、油气管道等各种物体中，并且被普遍连接，形成物联网。

2012 年，ITU 对"物联网""设备""物"分别做了标准化定义和描述。物联网是指（通过物理和虚拟手段）基于现有和正在出现的信息互操作和通信技术将物质相互连接，以提供先进的服务的信息社会全球基础设施。通过使用标识、数据捕获与处理和通信能力，物联网充分利用物体向各项应用提供服务，同时确保满足安全和隐私要求。从广义角度而言，物联网可被视为技术和社会影响方面的愿景。在这里，"设备"是指物联网中具有强制性通信能力和选择性传感、激励、数据捕获、数据存储与数据处理能力的设备；"物"是指物理世界（物理装置）或信息世界（虚拟事物）中的对象，这些对象是可以标识并整合入通信网的。

近十年来，越来越多的国家开始将物联网研究与产业发展提升到国家发展战略的高度，纷纷制定了物联网发展规划，世界领先的 IT 企业也开始布局物联网。

我国政府高度重视物联网研究与产业发展。自 2009 年以来，国务院和各部委相继出台了一系列规划、行动计划与产业政策，不断加强物联网发展的顶层设计，从全局性高度对物联网发展进行系统规划，建立了物联网发展部级联席会议制度，加强各政府部门之间的统筹协调，为推动我国物联网发展营造了良好的政策环境。

2010年3月，国务院首次将物联网写入政府工作报告，提出："要大力发展新能源、新材料、节能环保、生物医药、信息网络和高端制造产业。积极推进新能源汽车、'三网'融合取得实质性进展，加快物联网的研发应用。加大对战略性新兴产业的投入和政策支持。"

2010年10月，在国务院发布的《关于加快培育和发展战略性新兴产业的决定》中，明确将物联网列为我国重点发展的战略性新兴产业之一，大力发展物联网产业成为国家的重要战略决策。

2011年3月，在国务院发布的《"十二五"规划纲要》的第十章"培育发展战略性新兴产业"与第十三章"全面提高信息化水平"中，多次强调了"推动物联网关键技术研发和在重点领域的应用示范"。

2011年4月，工业和信息化部发布《物联网"十二五"发展规划》，明确在智能工业、智能农业、智能物流、智能交通、智能电网、智能环保、智能安防、智能家居九大重点领域开展物联网应用示范。

2012年5月，工业和信息化部、财政部发布《物联网发展专项资金管理暂行办法》，通过政府专项资金支持物联网技术研究与产业化、标准研究与制定、应用示范与推广、公共服务平台建设等物联网项目。

2013年2月，国务院发布了《关于推进物联网有序健康发展的指导意见》，明确指出：实现物联网在经济社会各领域的广泛应用，掌握物联网关键核心技术，基本形成安全可控、具有国际竞争力的物联网产业体系，成为推动经济社会智能化和可持续发展的重要力量。

2013年2月，国务院印发《国家重大科技基础设施建设中长期规划（2012—2030年)》，提出建设涵盖云计算服务、物联网应用、空间信息网络仿真、网络信息安全、高性能集成电路验证以及量子通信网络等开放式网络试验系统。

2013年9月，国家发改委联合多部委发布《物联网发展专项行动计划（2013—2015）》，包括10个物联网发展专项计划，涵盖顶层设计、标准制定、技术研发、应用推广、产业支撑、商业模式、安全保障、政府扶持措施、法律法规保障与人才培养等内容。

2013年10月，国家发改委下发《关于组织开展2014—2016年国家物联网重大应用示范工程区域试点工作的通知》，支持各地结合经济社会发展的实际需求，在工业、农业、节能环保、商贸流通、交通能源、公共安全、社会事业、城市管理、安全生产等领域组织实施一批示范效果突出、产业带动性强、区域特色明显、推广潜力大的物联网重大应用示范工程区域试点项目，推动物联网产业有序健康发展。

2015年10月，在国务院发布的《"十三五"规划纲要》中，将"实施'互联网+'行动计划，发展物联网技术和应用，发展分享经济，促进互联网和经济社会融合"，作为"十三五"期间我国经济社会发展的主要目标之一。

2016年2月，在国务院发布的《国家中长期科学和技术发展规划纲要（2006—2020）》中，在"重点领域及其优先主题"中将物联网发展的核心技术——"传感器网络及智能信息处理"，以及在"前沿技术"中将"智能感知技术"与"自组织网络技术"等的研究列入优先主题。

2016年5月，在中共中央与国务院发布的《国家创新驱动发展战略纲要》中，将"推动宽带移动互联网、云计算、物联网、大数据、高性能计算、移动智能终端等技术研发和综合应用，加大集成电路、工业控制等自主软硬件产品和网络安全技术攻关和推广力度，为我国经济转型升级和维护国家网络安全提供保障"作为战略任务之一。

2016年8月，在国务院发布的《"十三五"国家科技创新规划》的"新一代信息技术"的"物联网"专题中提出"开展物联网系统架构、信息物理系统感知和控制等基础理论研究，攻克智能硬件（硬件嵌入式智能）、物联网低功耗可信泛在接入等关键技术，构建物联网共性技术创新基础支撑平台，实现智能感知芯片、软件以及终端的产品化"的任务。在"重点研究"中提出了"基于物联网的智能工厂""健康物联网"等研究内容，并将"显著提升智能终端和物联网系统芯片产品市场占有率"作为发展目标之一。

2016 年 12 月，国务院印发《"十三五"国家战略性新兴产业发展规划》，提出实施网络强国战略，加快建设"数字中国"，推动物联网、云计算和人工智能等技术向各行业全面融合渗透，构建万物互联、融合创新、智能协同、安全可控的新一代信息技术产业体系。

2017 年 1 月，工业和信息化部发布了《物联网发展规划（2016—2020 年)》，提出到 2020 年，具有国际竞争力的物联网产业体系基本形成，包含感知制造、网络传输、智能信息服务在内的总体产业规模突破 1.5 万亿元，智能信息服务的比重大幅提升。推进物联网感知设施规划布局，公众网络 M2M 连接数突破 17 亿。物联网技术研发水平和创新能力显著提高，适应产业发展的标准体系初步形成，物联网规模应用不断拓展，泛在安全的物联网体系基本成型。

2017 年 6 月，工业和信息化部发布《全面推进移动物联网（NB-IoT）建设发展的通知》，明确建设广覆盖、大连接、低功耗移动物联网，以 14 条举措全面推进 NB-IoT 建设发展，到 2020 年建设 150 万 NB-IoT 基站、发展超过 6 亿的 NB-IoT 连接总数，进一步夯实物联网应用基础设施。

2018 年 6 月，工业和信息化部发布了《工业和信息化部办公厅关于开展 2018 年物联网集成创新与融合应用项目征集工作的通知》，要求围绕物联网重点领域应用、物联网关键技术和服务保障体系建设，征集一批具有技术先进性，示范效果突出、产业带动性强、可规模化应用的物联网创新项目。

2019 年，我国的政策开始聚焦于物联网产业生态和重点应用。随着 5G 的正式商用，我国加速优化物联网连接环境，推动 NB-IoT、5G 网络建设。《工业和信息化部关于开展 2019 年 IPv6 网络就绪专项行动的通知》提出，要持续推进 IPv6 在网络各环节的部署和应用，为物联网的快速发展预留充足的地址空间。2019 年也是物联网与人工智能（AI）深度融合的一年，AIoT 应运而生，5G、人工智能、区块链等新一代信息技术与物联网加速融合，为物联网的发展持续提供动力。在物联网产业链关键核心环节涌现出以华为鸿蒙物联网操作系统为代表的一大批创新成果，物联网应用也从闭环、碎片化走向开放、规模化，在智慧城市、工业互联网、车联网等领域率先突破。

此外，自 2010 年以来，科技部、商务部等多个行业主管部委，以及北京、上海、天津、江苏、浙江、湖北、陕西、广东等 20 多个省、直辖市，纷纷结合本地区的实际，出台了多项推动物联网产业发展的专项规划、行动方案与发展意见，形成了从国家层面到行业主管部门、地方政府共同为物联网研究与产业发展营造良好政策环境的可喜局面，有效地促进了我国物联网产业的健康发展。

从物联网技术、产业和应用发展的维度看，物联网的发展大致可划分为"连接—感知—智能"三个阶段，如图 1-1 所示。需要说明的是，在物联网的实际发展过程中，三个阶段是相互交织的，某个领域或细分行业既可能处于单一阶段，又可能随着技术发展而横跨多个阶段。

1. 物联网发展的第一阶段

在物联网大规模连接建立阶段，越来越多的设备在内置通信模块后通过移动网络（LPWA/GSM/3G/LTE/5G 等）、Wi-Fi、蓝牙、RFID、ZigBee 等连接入网。在这一阶段，网络基础设施建设、连接及管理、终端智能化是核心。华为在 2016 年全球联接指数报告中预测，到 2025 年，物联网设备数量将达到 1000 亿台，新增传感器部署速度将达到每小时 200 万个，设备增速相当可观。爱立信预测，到 2021 年，全球的移动连接数将达到 275 亿，其中物联网连接数将达到 157 亿，手机连接数达到 86 亿。智能制造、智能物流、智能安防、智能电力、智能交通、车联网、智能家居、可穿戴设备、智慧医疗等领域的连接数将呈指数级增长。在该阶段，物联网技术、产业和应用主要聚焦于网络基础设施建设、通信芯片和模组、各类传感器、连接管理平台等。

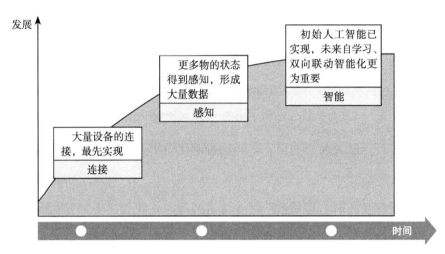

图 1-1 物联网发展的三个阶段

2. 物联网发展的第二阶段

在这个阶段，大量连接入网设备的状态被感知，产生海量数据，形成物联网大数据。传感器等器件将进一步智能化，感知和采集的数据更多样化，并汇集到云平台进行存储、分析和处理，此时物联网也成为云计算平台规模最大的业务之一。在该阶段，云计算将伴随物联网得到快速发展，物联网技术、产业和应用主要聚焦于开发者平台、云存储、云计算、数据分析等。

3. 物联网发展的第三阶段

在这个阶段，初始人工智能已经实现，能够对物联网产生的数据进行智能分析，物联网行业应用及服务将体现出核心价值。在该阶段，物联网数据将发挥出巨大的价值，企业可以对传感数据进行分析并利用分析结果构建解决方案，运营商通过数据变现获得收入的大幅提高，物联网将实现商业变现。在该阶段，物联网技术、产业和应用主要聚焦于物联网综合解决方案、人工智能、机器学习等。

1.2　物联网的概念与特征

顾名思义，物联网（Internet of Things，IoT）就是一个将所有物体连接起来所组成的"物 – 物"相连的互联网络。由于目前对物联网的研究处于发展阶段，物联网的定义尚未统一。一个普遍被大家接受的定义为：物联网是一种通过使用射频识别（Radio Frequency Identification，RFID）设备、传感器、红外感应器、全球定位系统、激光扫描器等信息采集设备，按约定的协议，把任何物品与互联网连接起来，进行信息交换和通信，以实现智能化识别、定位、跟踪、监控和管理的网络。

物联网是在互联网、移动通信网等通信网络的基础上，将所有能够独立寻址的物理对象互联起来，利用具有感知、通信与计算能力的物理对象自动感知物理世界的各种信息，构成"人 – 机 – 物"深度融合的智能信息服务系统。物联网的基础是感知技术，支撑环境是计算机网络、移动通信网及其他可以用于物联网互联的网络，核心价值体现在对自动感知的海量数据的智能处理上，利用所产生的知识形成反馈控制指令，通过人或执行机制，"智慧"地处理物理世界的问题。

为了界定物联网的内涵与外延，揭示物联网的本质，需要深入分析物联网与互联网、传感器网络、泛在网络（Ubiquitous Network）、机器与机器（Machine to Machine，M2M）、信息物理系统（Cyber-Physical System，CPS）等相关概念的内在联系和区别。

1. 物联网与互联网

互联网是指将两台或者两台以上的计算机终端、客户端、服务端通过信息技术手段互相联系起来。互联网连接人，而物联网既可连接人也可连接物；互联网连接的是虚拟世界，物联网连接的是物理世界。物联网是互联网的自然延伸，因为物联网的信息传输基础仍然是互联网，只不过其用户端延伸到了物品与物品之间、人与物之间，而不只是人与人之间。从某种意义上说，物联网是互联网更广泛的应用。从计算机、互联网到物联网的进化路线如图 1-2 所示。

图 1-2　从计算机、互联网到物联网的进化路线

物联网和互联网的最大区别在于，前者把互联网的触角延伸到了物理世界。互联网以人为本，是人在操作互联网，信息的制造、传递和编辑都是由人完成的；而物联网则以物为核心，让物来完成信息的制造、传递和编辑。从连接方式来看，物联网中的物品或者人将拥有唯一的网络通信协议地址，这个地址类似于现在互联网的访问地址。物联网中的物品可以通过传感设备获取环境信息，接收甚至执行来自网络的信息和指令，与网络中的其他物或人进行信息交流。

2. 物联网与传感器网络、泛在网络

传感器网络是指包含互联的传感器节点的网络，这些节点通过有线或无线通信技术交换传感数据。传感器节点是由传感器和可选的能检测、处理数据及联网的执行元件组成的设备。传感器是感知物理条件或化学成分，并且传递与被观察的特性相关的电信号的电子设备。与其他传统网络相比，传感器网络具有资源受限、自组织结构、动态性强、与应用相关、以数据为中心等明显特点。以**无线传感器网络**（Wireless Sensor Network，WSN）为例，它一般由多个具有无线通信与计算能力的低功耗、小体积的传感器节点构成。传感器节点具有数据采集、处理、无线通信和自组织的能力，能协作完成大规模复杂的监测任务。WSN 中通常只有少量的**汇聚**（sink）节点，汇聚节点负责发布命令和收集数据，实现与互联网的通信。传感器节点仅仅感知信号，并不强调对物体的标识，仅实现局部或

小范围内的信号采集和数据传递，并没有被赋予物品到物品的连接能力。

泛在网络是指在服务预订的情况下，个人和／或设备无论何时、何地，以何种方式，都能以最少的技术限制接入服务和通信。泛在网络是基于个人和社会的需要，实现人与人、人与物、物与物之间的信息获取、传递、存储、认知、决策、使用等服务的网络。简单地说，泛在网络是无所不在的网络，可随时随地实现与任何人或物之间的通信，涵盖了各种应用。泛在网络是物联网应用的高级阶段，也可以说是物联网追求的最高境界。泛在网络代表着未来网络的发展趋势，是一种较理想的状态。泛在网络可以支持人－人、人－对象（如设备和／或机器），以及对象－对象的通信。

基于前述对物联网、传感器网络和泛在网络的定义及各自特征的分析，物联网与传感器网络、泛在网络的关系可以概括为：泛在网络包含物联网，物联网包含传感器网络，如图 1-3 所示。

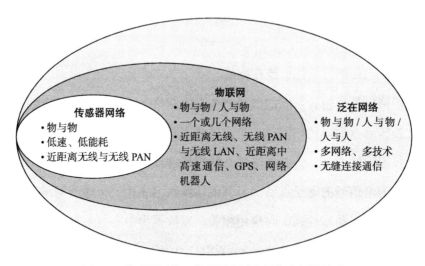

图 1-3　传感器网络、物联网和泛在网络之间的关系

物联网现阶段主要面向人与物、物与物的通信；泛在网络在通信对象上不仅包括人与物、物与物的通信，还包括人与人的通信，此外泛在网络涉及多个异构网的互联。当然，物联网发展的最终目标就是泛在网络。

3.物联网与M2M、CPS

从狭义上说，M2M仅代表机器与机器之间的通信，从广义上说也包括人与机器（Human to Machine，H2M）之间的通信，它以机器智能交互为核心并形成网络化的应用与服务。目前，业界提到M2M时，更多是指传统的不支持信息技术的机器设备通过移动通信网络与其他设备或IT系统的通信。可以说，M2M是现阶段物联网最普遍的应用形式，如图1-4所示。

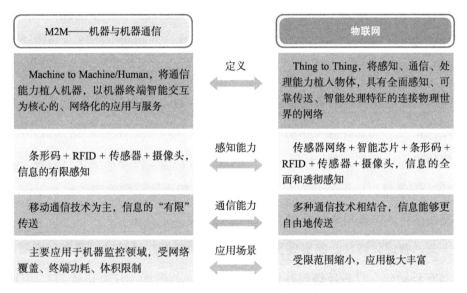

图1-4　M2M是现阶段物联网最普遍的应用形式

信息物理系统（CPS）是一个综合计算、网络和物理环境的多维复杂系统，通过3C（Computer、Communication、Control）技术的有机融合与深度协作，实现大型系统的实时感知和动态控制。CPS的基本特征是构成了一个能与物理世界交互的感知反馈环，通过计算进程和物理进程相互影响的反馈循环，实现与实物过程的密切互动，从而为实物系统增加新的能力。

通过前面的分析，可以认为M2M和CPS都是物联网的表现形式。从概念内涵的角度来看，物联网包含万事万物的信息感知和信息传送，M2M则强调机器与机器之间的通信，CPS更强调反馈与控制过程，突出对物的实时、动态的信息控制与信息服务。M2M 偏重实际应用，得到了工业界的重点关注，是现阶段物联网最普遍的应用形式；CPS 更偏重研究，吸引了学术界的更多目光，是将来物联网应用的重要技术形态。

综上所述，物联网的本质特征可以概括为三个方面：

第一，感知特征，能实现对客观物理世界更透彻的感知和度量。物联网是各种感知技术的广泛应用，纳入物联网的"物"要具备自动识别和信息感知的功能，通过部署海量的多种类型感知设备，使每个感知设备成为一个信息源，不同类别的感知设备按一定的频率周期性地采集实时信息，这些信息的内容和格式是不同的。

第二，互联特征，能实现更全面的互联和互通。和传统的互联网主要实现计算机之间的互联相比，物联网有其鲜明的特征，即"将所有物品接入信息网络，实现物体之间的无限互联"。物品连入信息网络，是以传感器或执行器等方式来体现的，传感器和执行器都有各自唯一的 ID，接入协议需提前约定，不限于有线或无线的接入信息网络的方式。

第三，智能化特征，能实现更智能的洞察和理解、更精准的调节和控制。物联网具有自动化、自我反馈与智能控制的特征。物联网不仅提供传感器的连接，其本身也具有智能处理的能力，能从传感器获得的海量信息中分析和挖掘出有用的信息和知识，进而对物实施信息交换、协同控制和智能管理，以适应不同用户的不同需求，发现新的应用领域和应用模式。

1.3 物联网产业链与应用

1.3.1 物联网产业链

目前，业界普遍采用国际电信联盟（ITU）物联网产业白皮书给出的物联网三层架构，包括感知层、传输层和应用层，也有些研究在此基础上细化，加入接入层和中间件层，或者加入处理层，如图 1-5 所示。

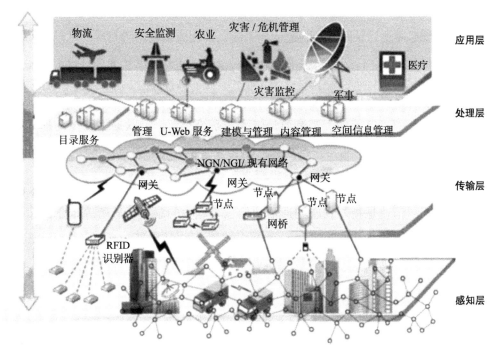

图 1-5 物联网架构

感知层主要完成物体的标识和信息的采集；传输层主要完成各类设备的网络接入以及信息的传输；应用层主要完成信息的分析处理和决策以及特定的智能化应用和服务任务，以实现物与物、人与物之间的识别与感知，发挥智能作用。

1. 物联网产业链业态分析

基于物联网架构，可将物联网产业划分为物联网感知制造业、物联网通信业和物联网服务业三大业态。

（1）物联网感知制造业

物联网感知制造业是指与物联网感知功能密切相关的制造业和基础产业，其中包括：为物联网应用提供基本设备和系统（如 RFID、二维条码、传感器 / 模块 / 节点 / 网管和多媒体采集终端等）的核心制造业；用于智能感知设备生产制造或测试的仪器仪表、嵌入式系统等配套产业；微纳器件、集成电路、微能源、新材料等相关产业。

核心制造业是物联网感知制造业的关键，是构成物联网感知层的基础单元。配套产业及相关产业是核心制造业的基础，为核心制造业提供基本的材料、器件、嵌入式系统，以及相应的开发、测试、生产条件。感知制造业的参与者包括芯片厂商、元器件厂商、电子加工制造商、嵌入式系统厂商等，以提供感知设备所需要的各类芯片、元器件、板卡、结构件、嵌入式系统等独立产品的开发制造商为主。

（2）物联网通信业

物联网通信业是指与物联网通信功能紧密相关的制造、运营等产业，其中包括：提供近距离无线通信设备、机器到机器（M2M）终端、通信模块、网关等通信网络设备的生产制造业；为物联网应用提供高带宽、大容量、超高速的有线/无线通信网络设备的生产制造业；基于M2M等的运营服务业。

通信网络设备是物联网通信业的重要组成部分，构成了物联网传输层的基本设施环境；基于M2M等的运营服务业主要是基于网络通信基础设施，提供物联网M2M网络传输服务。物联网通信业的主要参与者，除提供通信设备制造所需要的各类芯片、元器件、板卡、结构件、嵌入式系统等的供应商，以及通信设备整机与系统的软硬件开发商之外，还包括提供基于M2M等运营服务的物联网服务商。

（3）物联网服务业

物联网服务是指与物联网应用密切相关的各种服务，包括软件服务、基础设施服务、专业服务等，这些服务共同构成了物联网应用层的垂直架构。软件服务直接面向行业用户，产品形态包括操作系统、数据库、中间件、应用软件、嵌入式软件等；基础设施服务包括海量数据存储、处理与决策等；专业服务包括系统集成以及其他由物联网应用衍生的增值服务等。物联网服务业的主要参与者包括各类软件商、数据中心运营商、系统集成商等，为物联网的应用提供各类软件、集成服务、数据存储与处理服务等。

2.物联网产业链各环节分析

物联网具有较为完备的产业链。从元器件到设备、从软件产品到信息服务，物联网的每个功能层都包含硬件产品、硬件设备到软件产品、系统方案，还有行业应用系统的运维服务。完整的物联网产业链主要包括核心感知和控制器件提供商，包括 RFID、各类传感器、执行器等制造商；感知层末端设备提供商，包括传感节点、网关等完成底层组网、自组网的设备提供商；网络提供商，包括通信网（固网和移动网等）、互联网、广电网、电力通信网（PLC 等）、专网等网络运行服务商；软件与系统解决方案提供商，包括底层操作系统、中间件，以及处理层的操作系统、数据库、中间件和应用软件提供商；系统集成商，包括行业应用系统集成商和处理层的应用集成商，有时候独立提供行业解决方案以及专业运营及服务提供商（逻辑上处于处理层，提供行业专业应用系统的运维服务）。

（1）核心感知和控制器件提供商

感知器件是物联网标识、识别以及采集信息的基础和核心，主要包括 RFID、传感器（生物、物理和化学等）、智能仪器仪表、GPS 和北斗等；控制器件主要包括操作系统、执行器等，它们用于完成"感""知"后的"控"类指令的执行。拥有自主知识产权的感知器件的研发、设计和制造是我国物联网产业发展的核心环节，与此相关的射频芯片、传感器芯片和系统芯片等核心芯片设计和生产商，以及感知器件制造商是扶持发展的重点。

（2）感知层末端设备提供商

感知层的末端设备具有一定独立功能，典型设备包括传感节点设备、传感器网关等末端网络产品设备，以及射频识别设备、传感系统及设备、智能控制系统及设备等。感知层末端设备的制造和广泛应用是我国物联网产业发展的关键。

（3）网络提供商

网络提供商为物联网数据传输提供支撑和服务，包括互联网、通信网、广电网、电力通信网、专网等网络运行服务商。

（4）软件与系统解决方案提供商

物联网与软件和服务相关的产业分布在处理层和感知层，物联网核心软件与系统解决方案提供商包括操作系统、数据库、中间件、行业应用软件等软件产品开发商，以及行业应用解决方案提供商。

（5）系统集成商

系统集成商根据客户需求，将实现物联网的硬件、软件和网络集成为一个完整解决方案提供给客户，部分系统集成商也提供软件产品和行业解决方案。

（6）专业运营服务提供商

行业的、领域的物联网应用系统的专业运营服务提供商能为客户提供统一的终端设备鉴权、计费等服务，实现终端接入控制、终端管理、行业应用管理、业务运营管理、平台管理等服务。

需要指出的是，物联网发展还需要材料、电子元件等产业支撑，这些产业是物联网产业的关联产业。在重点培育物联网核心产业的同时，还应该鼓励发展支撑产业，以物联网应用促进相关支撑产业的发展。

1.3.2 物联网应用

物联网是新一代信息技术的高度集成和综合运用，对新一轮产业变革和经济社会实现绿色、智能、可持续发展具有重要意义。我国大力推动物联网在重点行业和领域的应用示范，在工业、农业、能源、物流等行业的提质增效、转型升级中作用明显。物联网与移动互联网融合推动家居、健康、养老、娱乐等民生应用创新空前活跃，物联网在公共安全、城市交通、设施管理、管网监测等智慧城市领域的应用显著提升了城市管理的智能化水平。物联网应用规模与水平不断提升，在智能交通、车联网、物流追溯、安全生产、医疗健康、能源管理等领域已形成一批成熟的运营服务平台和商业模式，高速公路电子不停车收费系统（ETC）实现全国联网，部分物联网应用达到了千万级用户规模。我国已经成为全球物联网应用和发展最为活跃的地区之一。

"十三五"期间,物联网的发展加速进入"跨界融合、集成创新和规模化"的阶段,通过与新型工业化、城镇化、信息化、农业现代化建设深度交汇,物联网迎来了更为广阔的发展前景。

1. 大力发展物联网与制造业融合应用

围绕重点行业制造单元、生产线、车间、工厂建设等关键环节进行数字化、网络化、智能化改造,推动生产制造全过程、全产业链、产品全生命周期的深度感知、动态监控、数据汇聚和智能决策。通过对现场级工业数据的实时感知与高级建模分析,形成智能决策与控制。完善工业云与智能服务平台,提升工业大数据开发利用水平,实现工业体系个性化定制、智能化生产、网络化协同和服务化转型,加快智能制造试点示范,开展信息物理系统、工业互联网在离散与流程制造行业的广泛部署应用,初步形成跨界融合的制造业新生态。

2. 加快物联网与行业领域的深度融合

面向农业、物流、能源、环保、医疗等重要领域,组织实施行业重大应用示范工程,推进物联网集成创新和规模化应用,支持物联网与行业深度融合。实施农业物联网区域试验工程,推进农业物联网应用,提高农业智能化和精准化水平。深化物联网在仓储、运输、配送、港口等物流领域的规模应用,支撑多式联运,构建智能高效的物流体系。加大物联网在污染源监控和生态环境监测等方面的推广应用,提高污染治理和环境保护水平。深化物联网在电力、油气、公共建筑节能等能源生产、传输、存储、消费等环节的应用,提升能源管理智能化和精细化水平,提高能源利用效率。推动物联网技术在药品流通和使用、病患看护、电子病历管理等领域中的应用,积极推动远程医疗、临床数据应用示范等医疗应用。

3. 推进物联网在消费领域的应用创新

鼓励物联网技术创新、业务创新和模式创新,积极培育新模式新业态,促进车联网、智能家居、健康服务等消费领域的应用快速增长。加强车联网技术创新和应用示范，发展车联网自动驾驶、安全节能、地理位置服务等应用。推动家庭安防、家电智能控制、家居环境管理等智能家居应用的规模化发展，打造繁荣的智能家居生态系统。发展社区健康服务物联网应用，开展基于智能可穿戴设备远程健康管理、老人看护等健康服务，推动健康大数据创新应用和服务发展。

4. 深化物联网在智慧城市领域的应用

推进物联网感知设施规划布局，结合市政设施、通信网络设施以及行业设施建设，同步部署视频采集终端、RFID标签、多类条码、复合传感器节点等多种物联网感知设施，深化物联网在地下管网监测、消防设施管理、城市用电平衡管理、水资源管理、城市交通管理、电子政务、危化品管理和节能环保等重点领域的应用。建立城市级物联网接入管理与数据汇聚平台，推动感知设备统一接入、集中管理和数据共享利用。建立数据开放机制，制定政府数据共享开放目录，推进数据资源向社会开放，鼓励和引导企业、行业协会等开放和交易数据资源，深化政府数据和社会数据融合利用。支持建立数据共享服务平台，提供面向公众、行业和城市管理的智能信息服务。

我国从2009年开始推动物联网技术和产业发展，至今已走过十年。十年间，我国物联网产业规模迅速提升，市场规模突破1万亿元，年复合增长率超过25%。2019年恰逢5G元年，在5G的起始之年展望物联网发展的下一个十年，5G、人工智能、区块链等新一代信息技术将与物联网加速融合，为智慧城市、工业互联网、车联网等物联网应用率先突破赋能，物联网应用将从闭环、碎片化走向开放、规模化，带来物联网发展的第二次浪潮，驱动数字经济快速成长，开启"万物智联"的新时代。

第2章

物联网的理论、技术与应用体系

物联网是计算机、通信、自动化与网络空间安全等多学科交叉融合的产物，也是现代信息技术发展到一定阶段后出现的一种聚合性应用和技术提升。它通过将各种感知技术、现代网络技术、人工智能与自动化技术进行聚合与集成，促进各类信息技术的集成和创新。物联网改变了人们之前将物理基础设施和 IT 基础设施截然分开的传统思维，使具有自我标识、感知和智能功能的物理实体基于通信技术有效地连接在一起，在政府管理、生产制造、社会管理，以及个人生活的各个领域实现现实的物理世界与网络虚拟世界的融合。

围绕"更透彻的感知和度量、更全面的互联和互通、更智能的洞察和理解、更精准的调节和控制"的目标，物联网在与相关学科交叉融合的发展过程中，逐步形成了独具特色的理论与技术体系。

2.1 物联网的理论体系

物联网的理论体系是由基础理论与应用理论两部分组成，图 2-1 给出了物联网理论体系的层次构成与主要内容。

物联网的基础理论可以进一步分为三个层次。这三个层次涵盖的主要内容如下：

1）**泛在接入与智能感知理论**：包括海量异构物品泛在接入机制，多模态、多时空数据统一表征方法与协同感知理论，复杂动态信息时空关联的协同认知理论与方法，基于认知的物理感知模型与机制等。

图 2-1 物联网理论体系

2）**开放物联网系统结构理论**：包括物联网体系结构、资源统一描述模型、高效对象解析方法，实体关系、服务层级结构与交互模型，基于事件的物联网服务协同理论等。

3）**跨域信息融合与智能处理理论**：包括物联网多时空、多模态海量数据融合与智能化处理方法、中间件及其设计方法，基于泛在实时微系统的软件建模与设计方法，支持隐私与安全保护的数据处理理论与方法等。

物联网应用理论是指**人机物融合应用系统构建理论**，涵盖的主要内容包括人机物融合系统建模方法、仿真与优化方法、性能与效能评价方法、智能服务理论与技术等。

2.2 物联网的技术体系

物联网技术与感知技术、通信技术、计算技术、数据技术、智能技术、控制技术、安全技术等深度交叉融合后，形成了其一系列代表性技术，如图2-2所示。图中楷体字部分是与物联网交叉的部分技术。

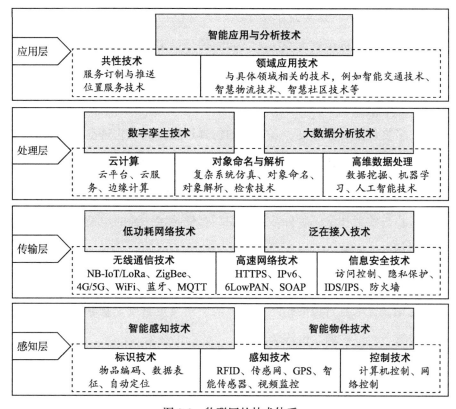

图 2-2　物联网的技术体系

构成物联网技术体系的核心技术包括以下七类。

1）**智能物件技术**：传统物件不具有联网功能，需要为其附加联网功能。对新型智慧物件应优化联网功能，使其具有智能管理所需要的感知、联网的丰富功能。智能物件技术主要包括标签技术、传感器技术、节能技术、节点通信技术、定位技术、特殊用途的执行器技术等。

2）**智能感知技术**：这类技术用于实现智能感知，主要包括身份感知技术（条形码、RFID 等）、状态感知技术（智能传感器）、位置感知技术（GPS、北斗等）、过程感知技术（视频图像等）、复合多用途感知技术等。

3）**低功耗网络技术**：这类技术具有低功耗、长寿命、广覆盖的特点，主要包括低功耗广域网技术（LPWA）、低功耗接入网技术、网络安全技术等。

4）**泛在接入技术**：这类技术用于实现大规模物件低成本接入，主要包括远距离无线接入技术、近距离无线接入技术、信号信道防碰撞技术、接入可靠性技术等。

5）**数字孪生技术**：利用物理模型、传感器感知数据、运行历史等数据，集成多学科、多物理量、多尺度、多概率的仿真过程，完成物理空间在数字空间中的映射，以反映对应实体的全生命周期过程。数字孪生技术可完整实现物理空间与信息空间的映射，是对感知的实现。主要包括物品编码技术、对象命名技术、对象高速查找与映射技术、物件信息组织与存储技术、跨时空及跨物理信息社会域的信息融合与处理等。

6）**大数据分析技术**：在物联网中，可以通过大数据分析技术，从海量、异构信息中挖掘、提取有价值的信息，为智能应用奠定基础。物联网中的大数据分析涉及云计算、数据挖掘、机器学习、人工智能等技术。

7）**智能应用与分析技术**：实现应用服务的公共服务共性技术，主要包括面向物联网应用的大数据分析技术、机器学习技术、人工智能应用技术、服务订制与推送技术、VR/AR 与信息展示技术、网络远程控制技术等。

2.3　物联网的应用体系

物联网产业是应用需求驱动型而非技术驱动型的产业。物联网产业发展的关键是立足行业应用，技术在整个物联网产业链中主要起到支撑作用。

物联网应用市场呈现典型的长尾特性，可以归纳为三类，分别是单一应用市场、可集中化市场和碎片化市场，如图 2-3 所示。单一应用市场本身就是规模市场，可集中化市场是可以快速增加连接数的规模市场，但碎片化市场在整个物联网市场中占比最大。

目前，物联网产业仍以终端设备研发与销售、信息采集 / 传输 / 展示、信息化项目系统集成、局部应用创新等业态为主，在用户需求的挖掘、企业战略和商业模式的制定、产业链上下游的协作层面，主要把物联网当作一种新型的网络和信息化能力提升手段，尚未深度挖掘物联网与各个行业领域融合的巨大价值。如何高效引导、建立物联网协同生态体系，引爆行业的巨大价值，已成为当前物联网发展的重中之重。然而，物联网应用广泛，行业渗透和影响力大，需求差异大，面对如此复杂的物联网生态体系建设，需要找到更高效的建设模式和运营模式，从而让小、杂、散、乱的各类行业有序、有组织地建立协同运营体系，使物联网与各类行业真正融合，爆发巨大的市场潜力。

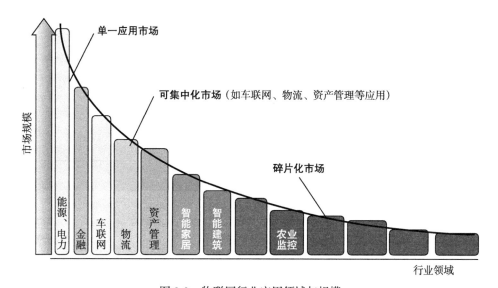

图 2-3　物联网行业应用领域与规模

通过对不同行业物联网应用系统结构共性的抽象，物联网参考体系结构国家标准 GB/T 33474—2016 定义和描述了物联网六大业务功能域，设计了物联网概念模型，并从应用系统、网络通信、信息流三个不同角度给出了设计方案，如图 2-4 所示。这个国家标准通过将纷繁复杂的物联网行业应用关联要素进行系统化梳理，以系统级业务功能划分为主要原则，设定了"六域"。

● **物联网用户域**：定义用户和需求。

- **目标对象域**：明确"物"及关联属性。
- **感知控制域**：设定所需感知和控制的方案，即"物"的关联方式。
- **服务提供域**：将原始或半成品数据加工成对应的用户服务。
- **运维管控域**：在技术和制度两个层面保障系统的安全、可靠、稳定和精确运行。
- **资源交换域**：实现单个物联网应用系统与外部系统之间的信息和市场等资源的共享与交换，建立物联网闭环商业模式等。

域和域之间再按照业务逻辑建立网络化连接，从而形成单个物联网行业生态体系。单个物联网行业生态体系再通过各自的资源交换域形成跨行业跨领域的协同体系。

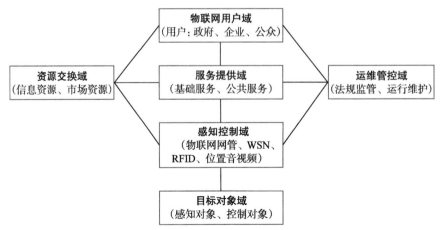

图 2-4　物联网六域模型（国家标准 GB/T 33474—2016）

按照六域模型打造特定行业的物联网生态体系，将可以深度切入产业链和行业各个细分环节，把原有传统产业流程打碎，去掉一些不必要的、没有价值的环节，对关键环节进行重构，特别是从实质上提升"物"的运行效率，创造新的价值，从而构建起一个更为庞大的价值体系网络，不断为行业赋能，真正形成物联网行业的协同生态体系，并通过行业物联网间的协同形成整个全社会生态体系。

2.4 物联网与云计算、大数据、人工智能、"互联网+"

理解物联网的技术特征与发展趋势，还需要研究物联网与当前信息技术研究与产业发展的几个热点问题（如云计算、大数据、人工智能、"互联网+"等）之间的关系。

2.4.1 物联网与云计算

云计算将计算以成熟的"租用资源、购买服务"的商业模式提供给用户，用户可以像使用水和电一样，按需租用云计算平台的计算资源、存储资源与网络资源。

云计算的服务模式能够适应物联网应用创新的快速开发与部署、系统的可靠运行，以及安全与节能的需求。因此，云计算必然会在物联网中得到广泛应用，成为物联网信息基础设施的重要组成部分。

"云+端"模式已经成为物联网系统运行的基本工作模式，同时，作为云计算模式的发展，物联网智能硬件应用正在进一步推动边缘计算模式的发展。

2.4.2 物联网与大数据

数据是国家战略性基础资源，大数据已经成为衡量国家综合国力的重要标准之一，各国政府纷纷制定大数据相关的国家战略。在此背景下，数据科学已成为科学研究中与实验科学、理论科学、计算科学并列的第四范式。

在智慧工业、智慧农业、智慧医疗、智能交通等物联网应用中，大量 RFID 与各种传感器产生的海量感知数据是造成数据"爆炸"的重要原因之一。物联网对大数据技术研究提出了重要的应用需求，推动了大数据研究的发展。各种物联网应用系统都必须依托大数据技术，从获取的海量感知数据中提取有价值的"知识"，为智慧地处理物理世界的问题提供科学依据。物联网大数据的应用效果也将成为评价物联网应用系统技术水平的重要指标之一。

2.4.3 物联网与人工智能

在物联网、云计算、大数据、超级计算等新理论、新技术，以及经济社会发展强烈需求的共同驱动下，人工智能呈现出深度学习、跨界融合、人机协同、自主操控等新特征，成为引领未来的战略性技术和支撑物联网发展的核心技术之一。

世界各国都在大力推进智能硬件、可穿戴计算设备、智能机器人在物联网中的应用。智能人机交互技术、增强现实与机器学习技术的应用，能够提升人类对于环境感知的深度，增强对现实世界感知的效果，提高智慧处理外部世界问题的能力。人工智能技术的应用必将影响物联网应用系统与智能硬件设备的研究、设计与制造方法，决定物联网应用系统的功能、性能与技术水平，成为未来物联网产业竞争的焦点。

2.4.4 物联网与"互联网＋"

国务院在 2015 年 7 月 4 日发布了《关于积极推进"互联网＋"行动的指导意见》（以下简称"指导意见"）旨在推动互联网、移动互联网、物联网、云计算、大数据、人工智能技术与现代制造业等各行业的结合，促进电子商务、现代制造业与互联网金融的健康发展。

"互联网＋"是对我国社会与经济发展思路高度凝练的表述，它涵盖了互联网、移动互联网、物联网与各行各业、社会各个层面跨界融合的丰富内容。物联网是支撑"互联网＋"发展的核心技术之一，推进"指导意见"的实施，将为物联网产业开辟更加广阔的发展空间。

2.4.5 融合发展态势

如果说在当前，物联网、云计算、大数据、移动互联网、人工智能还是各领风骚的话，那么在未来，物联网、云计算、大数据、移动互联网、人工智能等新一代信息技术将呈现融合发展的态势。

大数据伴随信息技术的广泛应用不断增长，云计算则为这些海量的、多样化的大数据提供存储和运算的支撑平台，而对大数据的处理、分析与优化结果又将通过云服务的方式反馈或交叉反馈到物联网、移动互联网、数字家庭、社会化网络等应用中，甚至实现更高程度的人工智能，进一步改善使用体验，并创造出巨大的商业价值、经济价值和社会价值。物联网、云计算、大数据三者相辅相成，共同构成人工智能的基础，如图 2-5 所示。物联网智能硬件（如可穿戴计算产品、智能机器人、无人系统）的共性特点是：体现了"互联网＋传感器＋计算＋通信＋智能＋控制＋大数据＋云计算"等新一代信息技术的融合，呈现出芯片化、硬件化、平台化的发展趋势。

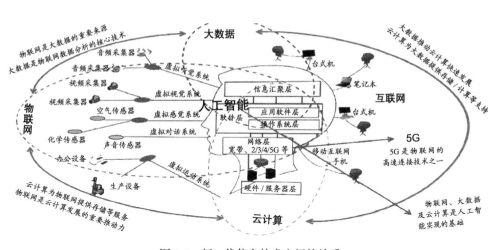

图 2-5　新一代信息技术之间的关系

物联网与相关学科的发展形成的相互融合、整体推进的态势，正在引发链式突破，带动着物联网技术水平不断提升。

第3章
物联网工程专业建设

3.1 物联网工程专业建设的历程

为了加大战略性新兴产业人才培养力度，支持和鼓励有条件的高等学校从本科教育入手，加速教学内容、课程体系、教学方法和管理体制与运行机制的改革和创新，积极培养战略性新兴产业相关专业的人才，满足国家战略性新兴产业发展对高素质人才的迫切需求，2010年2月，教育部发布"关于战略性新兴产业相关专业申报和审批工作的通知"（教高厅函〔2010〕13号），决定在2010年4月底前完成一次战略性新兴产业相关专业的申报和审批工作。

通知中明确提出，战略性新兴产业涉及的领域包括：①新能源产业。可再生能源技术、节能减排技术、清洁煤技术、核能技术，节能环保和资源循环利用，以低碳排放为特征的工业、建筑、交通体系，新能源汽车等。②信息网络产业。传感网、物联网技术。③新材料产业。微电子和光电子材料和器件、新型功能材料、高性能结构材料、纳米技术和材料等。④农业和医药产业。转基因育种技术、创新药物和基本医疗器械关键核心技术。⑤空间、海洋和地球探索与资源开发利用。

通知发布后，各类学校踊跃申请。2010年5月，与战略性新兴产业相关的教育部专业教学指导委员会召开专家评审会议，经教育部有关部门对申请材料进行初步分类后，将申报物联网工程专业的材料送教育部高等学校计算机科学与技术专业教学指导分委员会评审。

2010 年 7 月，教育部发布《教育部关于公布同意设置的高等学校战略新兴产业相关本科新专业名单的通知》（教高 [2010]7 号）。在新设置的 140 个本科专业中，与物联网产业相关的专业有 35 个，包括 30 个物联网工程本科专业、5 个传感网技术本科专业。这些专业自 2011 年开始招生，并允许 2010 年需按新设置专业开展培养工作的高校，可通过从本校 2010 年招收的其他专业的学生或本科二年级的在校生中通过转专业的方式转入所批准的专业学习。

2010 年 9 月，《国务院关于加快培育和发展战略性新兴产业的决定》将以物联网为代表的新一代信息技术列为战略性新兴产业进行重点培育和发展，并指出"要发挥研究型大学的支撑和引领作用，加强战略性新兴产业相关专业学科建设……促进创新型、应用型、复合型和技能型人才的培养"。

2011 年，教育部进行了第二批物联网相关专业的审批。根据《2011 年度高等学校专业设置备案或审批结果》（教高 [2011]4 号）统计，新设置 27 个物联网相关专业，其中包括 25 个物联网工程本科专业、2 个传感网技术本科专业。

2011 年 5 月 5 日，教育部发布了《普通高等学校本科专业目录（修订一稿）》（教高厅函 [2011]28 号），明确将原电气信息类（代码：0806）下设立的物联网工程（专业代码：080640S）和传感网技术（专业代码：080641S）合并，列入计算机类专业（代码：0809），新专业名称为"物联网工程"（专业代码：080905）。物联网工程专业从少数院校试办走上体系化、正规化的建设阶段。

截至 2019 年 3 月底，教育部共分 10 批次备案和批准了 547 所高校开办"物联网工程"本科专业，具体备案和审批情况如表 3-1 所示。

表 3-1　国内高校物联网工程本科专业备案和审批情况

时间	2010	2011	2012	2013	2014	2015	2016	2017	2018	2019
批次	1	2	3	4	5	6	7	8	9	10
备案和审批数量	35	27	80	126	85	54	61	37	28	14

作为围绕"战略性新兴产业"设置的、与"产业启动和发展同步"建设的"新专业"，物联网工程专业的建设从无到有，专业建设从零起步，国内外没有相关

经验可供借鉴，迫切需要解决"专业建设从无到有、专业师资严重短缺、专业教材严重缺乏、实践平台严重不足"等一系列重要问题。

为了支撑专业建设，2010年，教育部高等学校计算机科学与技术专业教学指导分委员会成立了"物联网工程专业教学研究专家组"（以下简称专家组），遵循"产业导向、行业牵引、学科交叉"的理念，运用系统论方法进行专业顶层设计，在2012年7月制定出版了《高等学校物联网工程专业发展战略研究报告暨专业规范（试行）》和《高等学校物联网工程专业实践教学体系与规范（试行）》（以下简称"规范1.0版"）⊖，并在随后6年多的时间里进行了规范的宣贯和推广，使300余所高校受益，引领了国内物联网工程专业办学的方向。

近年来，国内外物联网理论、技术、产业和应用发展迅速，同时伴随着云计算、大数据、人工智能等新一代信息技术的发展，物联网与这些新技术、新产业已经呈现出融合发展的趋势，物联网产业对于专业人才的能力和知识结构需求发生了很大变化，专业建设者迫切需要与时俱进地对物联网理论体系、技术体系和应用体系进行系统梳理，凝练对于专业能力和知识体系的新要求。在教育部高等学校计算机类专业教学指导委员会（以下简称"教育部计算机教指委"）的指导下，专家组与时俱进，在2016年初启动了专业规范的修订工作，并将阶段性成果在全国部分高校推广应用。本规范（以下简称"规范2.0版"）就是四年来规范修订工作的成果。

3.2 物联网工程专业的特征

物联网工程专业的特征包括知识特征、能力特征和人才类型特征。

1. 知识特征：多学科交叉

物联网涉及计算机、通信、电子、信息安全、人工智能等多个学科的交叉、

⊖ 两本规范于2012年由机械工业出版社出版。——编辑注

融合，因此，学生应具有跨学科理论基础和知识应用能力。

2. 能力特征：解决多时空跨域复杂性工程问题

物联网涉及物理世界、信息世界、人类社会等不同的时空、不同的问题域，需要把不同的时空进行关联，并对其问题进行融合化工程处理，因此，学生应具有跨时空、跨域复杂性工程问题的求解能力。

3. 人才类型特征：面向战略新兴产业需求培养工程型人才

以物联网应用为引导，物联网工程专业的毕业生最重要的专业技能就是掌握应用系统设计与实施方法，能够运用物联网应用工程方法论进行物联网应用系统设计与实施，并能进行物联网商业模式设计。

3.3 物联网工程专业与相关专业的关系

物联网的多学科交叉特征，必然带来物联网工程专业与相关专业在知识结构与核心课程上相互交叉的特点，也形成了很多相通之处，如图 3-1 所示。

- 物联网工程专业与计算机科学与技术专业在计算机原理、操作系统、算法与逻辑、计算机网络等知识上存在交叉。
- 物联网工程专业与电子科学与技术专业在感知、传感器与嵌入式系统等知识上存在交叉。
- 物联网工程专业与通信工程专业在无线通信、M2M、5G 与 NB-IoT 等知识上存在交叉。
- 物联网工程专业与智能科学与技术专业在智能硬件、智能人机交互、智能数据处理、智能控制等知识上存在交叉。
- 物联网工程专业与网络空间安全专业在网络安全与隐私保护等知识上存在交叉。

　　物联网工程专业在自身技术框架、体系结构与课程体系的基础上，综合参考和吸取了上述不同专业的核心课程与知识结构，形成了完善的物联网工程专业的课程体系和专业特色。

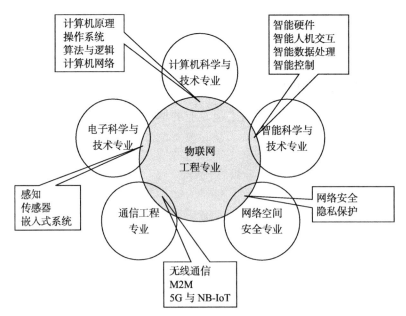

图 3-1　物联网工程专业与相关专业的关系

第4章
物联网工程专业人才培养体系

4.1 专业顶层设计

参照《普通高等学校本科专业类教学质量国家标准》（以下简称《国家质量标准》）和中国工程教育认证标准，本规范通过运用系统论方法进行专业顶层设计，从思维、设计、分析与服务、工程实践四个方面界定本专业学生的基本能力和毕业要求，凝练专业知识体系，设计专业课程体系和专业实践教学体系，形成符合技术发展和社会需求的物联网工程专业人才培养体系。

1. 专业知识体系

本规范构建了包括5个知识领域、25个知识单元在内的专业基础知识体系，以及涵盖7个知识领域、65个知识单元的专业核心知识体系。

2. 专业课程体系

本规范给出了9门专业基础课程，将专业主干课程按7个课程群进行组织，每个课程群由专业必修课程和专业选修课程组成。其中，设计了11门专业必修课程，给出了14门专业选修课程示例。各办学单位可以根据学科优势、地域和行业特色适当调整部分课程。

3. 专业实践教学体系

本规范对包括专业核心课程实验、专业综合课程设计、专业实习实训、毕业设计、创新创业活动在内的五大类实践性教学环节进行整体和系统的优化设计，给出了7门专业核心课程实验大纲和2门专业综合课程设计大纲。

4.2 培养目标

本专业面向我国战略性新兴产业发展需要，培养德、智、体全面发展，具备数学、自然科学、人文科学、社会科学知识和工程素养，系统掌握物联网相关基本理论、方法和技术，具有创新精神、国际视野、社会责任感和专业能力的工程技术人才。毕业生具备从事物联网相关技术研究和产品研发、应用服务，以及物联网系统规划、分析、设计、实施、运维等方面的能力，具有良好的沟通与表达能力和团队合作精神。

4.3 能力培养要求

物联网工程专业能力培养的要求体现在以下四个方面。

1. 思维能力：人机物融合思维能力

物联网计算模式的变革在于物理空间、信息空间与人类社会的一体化，三者相互关联、相互影响、融合统一。所以，物联网工程专业人才的人机物融合思维能力的培养应该注意让学生充分理解物理空间、信息空间与人类社会的一体化，并在利用这样的无缝连接方面具有足够的想象力与实现能力。

2. 设计能力：跨域物联系统设计能力

物联网是一个高度复杂的异构系统，涉及多时空，跨信息－物理－社会域，系统可靠性、实时性、安全性要求高，设计难度大。物联网工程专业的学生最重要的专业技能就是跨域物联网系统设计与实施，学生应该能够从多层次、多维度设计跨域物联网系统并使其有效运行。

3. 分析与服务能力：数据处理与智能分析能力

物联网中的人机物形成了持续的互动关系，分散部署的巨量传感器产生了多时空、跨域、跨平台的数据。要研究物联网多时空、多模态的海量数据的融合与智能化处理方法，最终提取正确的知识与准确的反馈控制信息，就需要物联网工程专业的学生具备数据处理和智能分析能力。数据处理能力就是能对海量数据完成一系列的采集、处理、传输、存储管理和挖掘分析；智能分析能力则是在此基础上，通过捕捉和构建面向用户的需求结构模型，进一步挖掘与时空、身份、状态、领域关联的隐性需求，主动为用户提供精准、高效的服务。数据处理与智能分析能力的培养目标是让学生从整体上深刻理解物联网这一"人－机－物"深度融合的智能信息服务系统的思想。

4. 工程实践能力：物联网系统工程能力

物联网工程具有典型的工程特性，要求学生能够针对复杂工程活动，研制、选择、运用适当的技术和资源以及现代工程与信息技术工具，并能够理解其局限性；能够基于与工程相关的环境或背景信息进行合理的权衡，对于专业工程实践在社会、健康、安全、法律、环境以及文化等方面涉及的因素与应承担的责任进行评价；能够理解专业工程解决方案对社会与环境的影响，能够理解可持续发展的必要性。本专业学生应具有物联网工程规划、设计、实施、运维、评价能力。

4.4 毕业要求

本专业毕业生应该具备以下知识、能力和素质。

1）**工程知识**：具备解决物联网复杂工程问题的数学知识、自然科学知识、工程基础知识和专业知识。

2）**问题分析**：能够应用数学、自然科学和工程科学的基本原理，识别、表达物联网复杂工程问题并通过文献进行研究分析，以获得有效结论。

3）**设计／开发解决方案**：能够设计针对物联网复杂工程问题的解决方案和满足特定需求的应用系统，并能够在系统设计中体现创新意识，考虑社会、健康、安全、法律、文化以及环境等因素。

4）**研究**：能够基于科学原理并采用科学方法对物联网复杂工程问题进行研究，包括设计实验、分析与解释数据，并通过信息综合得到合理、有效的结论。

5）**使用现代工具**：能够针对物联网复杂工程问题，开发、选择与使用恰当的技术、资源、现代工程工具和信息技术工具，包括对复杂工程问题的预测与模拟，并能够理解其局限性。

6）**工程与社会**：能够基于工程相关背景知识进行合理分析，评价物联网复杂工程问题解决方案对社会、健康、安全、法律以及文化的影响，并理解应承担的责任。

7）**环境和可持续发展**：能够理解和评价针对物联网复杂工程问题的专业工程实践对环境、社会可持续发展的影响。

8）**职业规范**：具有人文社会科学素养、社会责任感，能够在工程实践中理解并遵守工程职业道德和规范，履行责任。

9）**个人和团队**：能够在多学科背景下的团队中承担个体、团队成员以及负责人的角色。

10）**沟通**：能够就物联网复杂工程问题与业界同行及社会公众进行有效沟通和交流，具有撰写报告和设计文稿、陈述发言、清晰表达的能力，并具备一定的国际视野，能够在跨文化背景下进行沟通和交流。

11）**项目管理**：理解并掌握工程管理原理与经济决策方法，并能在多学科环境中应用。

12）**终身学习**：具有自主学习和终身学习的意识，有不断学习和适应发展的能力。

第5章
物联网工程专业知识体系

5.1 专业知识结构总体框架

本专业的知识由通识知识、专业知识与综合知识三部分构成。

- **通识知识**：包括数学知识、自然科学知识、人文科学知识、社会科学知识等。
- **专业知识**：包括专业基础知识、专业核心知识、领域应用知识、专业实践等。
- **综合知识**：包括科技活动知识、团队协作知识、自我修养提升知识等。

本规范旨在给出专业基础知识、专业核心知识、领域应用知识和专业实践的体系。

5.2 专业知识体系

5.2.1 专业基础知识

专业基础知识是指对本专业具有支撑作用、主要来源于依托专业（特别是计算机科学与技术专业）及其他相关专业的知识，其组成如表 5-1 所示。

表 5-1 专业基础知识

知识领域	知识单元
AP 算法与程序设计	AP1 程序设计 AP2 数据结构与算法 AP3 离散数学

（续）

知识领域	知识单元
CE 电路与电子技术	CE1 电路的基本分析方法和电路定理 CE2 模拟电路 CE3 数字电路 CE4 模数与数模转换
CS 计算机系统与接口	CS1 数字逻辑 CS2 计算机组成与体系结构 CS3 FPGA 技术 CS4 接口技术 CS5 操作系统
DB 数据库系统	DB1 数据库系统基础 DB2 关系数据库 DB3 数据库管理系统 DB4 新型数据库
CN 计算机网络	CN1 计算机网络体系结构 CN2 局域网与广域网 CN3 无线网络与移动网络 CN4 互联网与 TCP/IP 协议 CN5 网络设备 CN6 网络应用 CN7 网络安全 CN8 网络管理 CN9 新型网络

5.2.2 专业核心知识

专业核心知识是本专业的关键知识，是区别于其他专业的本质特征。专业核心知识体系涉及七个方面：

- 概念与模型

- 标识与感知

- 通信与定位

- 计算与平台

- 智能与控制

- 安全与隐私

- 工程与应用

专业核心知识体系及最小知识单元集合的概要内容如表 5-2 所示。对于每个知识领域，本规范只给出必修的知识单元，这些知识单元是该知识领域中基础、稳定的知识单元的最小集合。由于物联网技术和产业处于快速发展中，随着人们对物联网认识的不断深入，其学科内涵和外延将不断丰富，这些变化可以通过不断增加选修的知识单元来体现。但为了保持专业规范的稳定性，这里没有列出选修的知识单元。

表 5-2　专业核心知识

知识领域	知识单元
CM 概念与模型	CM1 物联网模型与结构 CM2 物联网感知 CM3 物联网通信 CM4 物联网计算与服务 CM5 物联网安全与隐私 CM6 物联网控制 CM7 物联网工程与应用 CM8 物联网与云计算、大数据、人工智能 CM9 物联网工程概要
ID 标识与感知	ID1 物品编码 ID2 物联网标识体系 ID3 物联网标识解析和信息发现 ID4 条形码 ID5 RFID ID6 传感器与智能传感器 ID7 视频图像 ID8 智能无线感知 ID9 群智感知 ID10 感知系统部署
CL 通信与定位	CL1 通信基础 CL2 物联网通信的相关标准及架构 CL3 物联网网关 CL4 无线传感网 CL5 工业无线网络 CL6 车联网 CL7 定位技术与位置服务
CP 计算与平台	CP1 物联网计算模式 CP2 并行计算 CP3 分布式计算 CP4 云计算 CP5 大数据处理平台

（续）

知识领域	知识单元
CP 计算与平台	CP6 边缘计算 CP7 服务计算 CP8 嵌入式计算
IC 智能与控制	IC1 数据预处理与数据质量 IC2 数据存储与管理 IC3 数据统计与分析 IC4 数据挖掘 IC5 机器学习 IC6 数据可视化 IC7 智能计算系统 IC8 物联网控制的特征 IC9 自动控制原理与技术 IC10 计算机控制系统 IC11 分布式控制系统与现场总线 IC12 智能控制技术 IC13 网络控制技术 IC14 物联网控制系统设计与实例
SP 安全与隐私	SP1 物联网安全需求与特征 SP2 物联网安全体系 SP3 物联网安全的核心技术 SP4 物联网感知安全 SP5 物联网传输安全 SP6 物联网数据安全 SP7 物联网隐私保护 SP8 物联网系统安全 SP9 区块链技术及其在物联网安全中的应用
PD 工程与应用	PD1 物联网工程设计方法 PD2 可行性研究与需求分析 PD3 网络工程与数据中心设计 PD4 应用系统的设计、开发与部署 PD5 工程实施与工程管理 PD6 物联网工程测试与评价 PD7 系统运行维护与管理 PD8 物联网工程案例

5.2.3 领域应用知识

各办学单位可根据学校的特色、区域、行业等优势，针对物联网典型应用设置相应的知识单元，开设相应课程，形成有特色的应用课程体系。物联网典型应用包括但不限于：

- 智慧城市

- 智慧工厂

- 智慧农业

- 智能交通

- 智能物流

- 智能电网

- 智能家居

- 智慧医疗

- 环境监测

- 国防应用

5.3 专业知识详细描述

5.3.1 专业基础知识描述

1. 算法与程序设计（AP）

AP1 程序设计

AP2 数据结构与算法

AP3 离散数学

AP1 程序设计

最少学时：32

知识点：

- 程序设计语言

- 数据类型

- 程序的基本结构

- 基本控制结构

- 程序设计

学习目标：

- 掌握程序设计语言的功能、特点、语法

- 掌握主要的数据类型

- 掌握程序的结构

- 掌握程序的控制结构及其实现方法

- 掌握程序的开发过程及程序设计方法

- 能够根据应用需求，合理选择使用一种程序设计语言，设计一个应用系统

AP2　数据结构与算法

最少学时：32

知识点：

- 算法基础

- 线性结构

- 树形结构

- 图

- 查找

- 排序

- 文件组织

学习目标：

- 熟悉算法的描述方法、算法设计基本方法与算法分析方法

- 掌握线性结构的表示方法及其操作算法

- 掌握树形结构的表示方法及其操作算法

- 掌握各类图的表示方法及相关算法

- 掌握各类查找的算法

- 掌握各类排序的数据存储方法及相关算法

- 熟悉文件的存储方法

- 能根据应用需求，合理选择恰当的数据结构和算法，设计一个可高效运行的应用实例

AP3　离散数学

最少学时：32

知识点：

- 逻辑与证明

- 集合

- 关系

- 函数

- 图

- 树

学习目标：

- 熟悉命题逻辑和谓词逻辑的基本概念，掌握命题逻辑中的推理规则和谓词逻辑证明理论、方法和策略

- 熟悉集合的基本概念和集合关系，掌握集合运算的基本方法

- 熟悉关系的基本概念、关系表示，掌握关系运算及性质

- 掌握函数概念、性质及运算

- 掌握求图中通路与回路数的方法及求最短通路方法

- 熟练掌握树的遍历方法及最小生成树的构造方法

2. 电路与电子技术（CE）

CE1 电路的基本分析方法和电路定理

CE2 模拟电路

CE3 数字电路

CE4 模数与数模转换

CE1 电路的基本分析方法和电路定理

最少学时：16

知识点：

- 电路的基本定律

- 电阻电路的等效变换

- 电阻电路的一般分析方法

- 电路定理

学习目标：

- 掌握电路的等效变换方法

- 掌握电路的基本定律

- 熟悉电路的一般分析方法

- 掌握电路的重要定理及其应用

CE2 模拟电路

最少学时：14

知识点：

- 基本放大电路

- 运算放大电路

- 信号处理电路

学习目标：

- 掌握二极管的特性及用途

- 掌握三极管的特性及使用方法

- 熟悉放大器的电路组成及工作原理

- 熟悉信号处理电路的组成及工作原理

- 掌握滤波电路的工作原理及设计方法

CE3　数字电路

最少学时：16

知识点：

- 逻辑门电路
- 触发器
- 定时器
- 大规模集成电路

学习目标：

- 掌握常见逻辑门电路的结构及特性
- 掌握常见触发器的电路组成及特性
- 熟悉定时器的电路组成及特性
- 掌握典型大规模集成电路的应用

CE4　模数与数模转换

最少学时：2

知识点：

- 数模转换
- 模数转换

学习目标：

- 熟悉数模转换的原理及电路
- 熟悉模数转换的原理及电路

3. 计算机系统与接口（CS）

CS1 数字逻辑

CS2 计算机组成与体系结构

CS3 FPGA 技术

CS4 接口技术

CS5 操作系统

CS1 数字逻辑

最少学时：16

知识点：

- 逻辑代数

- 组合逻辑设计

- 时序逻辑设计

学习目标：

- 掌握逻辑代数的规则

- 掌握基本组合逻辑电路的分析与设计方法

- 掌握时序逻辑电路的分析与设计方法

CS2 计算机组成与体系结构

最少学时：64

知识点：

- 数值的机器表示与运算方法

- 运算器构成

- 存储体系

- 指令集体系结构

- 控制器构成

- 流水线

- 并行处理机

学习目标：

- 掌握数值的表示方法、运算方法

- 掌握简单运算器设计

- 掌握存储器与存储系统的组织结构及工作原理

- 掌握指令结构、寻址方式及执行机制

- 熟悉 CPU 的结构，了解简易 CPU 设计

- 熟悉流水线的基本概念，了解流水线的主要性能指标和流水线相关处理方法

- 了解并行处理机的基本概念

CS3　FPGA 技术

最少学时：16

知识点：

- 可编程逻辑器件

- 硬件描述语言

学习目标：

- 熟悉一种可编程逻辑器件

- 掌握硬件描述语言

- 掌握基于硬件描述语言设计功能部件的方法

CS4　接口技术

最少学时：16

知识点：

- 总线

- I/O 方式

- 典型 I/O 接口

学习目标：

- 熟悉总线的结构与工作原理

- 熟悉几种常见的 I/O 方式

- 熟悉几种常见的 I/O 接口技术的工作原理

- 掌握一种简单 I/O 接口的基本设计方法

CS5　操作系统

最少学时：48

知识点：

- 处理器管理
- 进程管理
- 存储管理
- 文件管理
- 设备管理
- 安全与保护
- 物联网操作系统

学习目标：

- 掌握处理器管理的实现方式
- 掌握进程管理的实现方式
- 掌握存储管理的实现方式
- 掌握文件管理的实现方式
- 掌握设备管理的实现方式
- 熟悉安全与保护的实现方式
- 熟悉一种典型的物联网操作系统

4.数据库系统（DB）

DB1 数据库系统基础

DB2 关系数据库

DB3 数据库管理系统

DB4 新型数据库

DB1 数据库系统基础

最少学时：6

知识点：

- 数据模型
- 数据库系统结构
- 数据库的组成
- 数据库应用基础

学习目标：

- 熟悉数据模型
- 熟悉数据库系统结构
- 熟悉数据库的组成
- 熟悉数据库应用的基本架构

DB2 关系数据库

最少学时：14

知识点：

- 关系数据模型
- 关系代数操作
- SQL 语言
- 数据库编程
- 关系规范化
- 查询优化

学习目标：

- 掌握关系数据结构及其形式化定义
- 掌握关系代数运算
- 掌握 SQL 语言

- 熟悉数据库编程方法

- 掌握关系规范化的基本理论

- 掌握查询优化的原理与基本方法

DB3　数据库管理系统

最少学时：10

知识点：

- 数据库并发控制

- 数据库恢复技术

- 数据库安全性

- 数据库完整性

学习目标：

- 掌握数据库并发控制的原理及基本方法

- 掌握数据库恢复的原理及基本技术

- 掌握数据库安全性控制的基本方法

- 掌握数据库完整性保证方法

DB4　新型数据库

最少学时：10

知识点：

- 非关系型数据库（MongoDB、HBase 等）

- 内存数据库

- 键值型数据库

- 实时数据库

学习目标：

- 理解新型数据库相对于传统数据库的新思想、方法、特色与基本原理

- 掌握典型非关系数据库的应用

5.计算机网络（CN）

CN1 计算机网络体系结构

CN2 局域网与广域网

CN3 无线网络与移动网络

CN4 互联网与 TCP/IP 协议

CN5 网络设备

CN6 网络应用

CN7 网络安全

CN8 网络管理

CN9 新型网络

CN1　计算机网络体系结构

最少学时：6

知识点：

- 网络需求

- 网络体系结构

- 应用层功能及实现模型

- 传输层功能及可靠传输机制

- 网络层功能、包传输实现方法、路由、拥塞控制

- 数据链路层功能、介质访问控制、组帧方法及差错控制机制

- 物理层规范、多路复用、信号传输

学习目标：

- 熟悉主要的网络需求，包括功能需求、性能需求

- 掌握网络体系结构模型

- 掌握物联网对网络体系结构的新要求

- 掌握应用层功能及实现模型

- 掌握传输层功能及可靠传输机制

- 掌握网络层功能、包传输实现方法

- 掌握数据链路层功能、介质访问控制、组帧方法及差错控制机制

- 掌握物理层规范、多路复用、信号传输方法

CN2　局域网与广域网

最少学时：6

知识点：

- 局域网

- 典型局域网：以太网

- 广域网

- 路由算法、拥塞控制算法

- 典型广域网：SDH、OTN

- 城域网、个域网与体域网

学习目标：

- 掌握局域网的特征、结构、原理

- 掌握广域网的特征、结构、原理

- 熟悉 SDH、OTN、以太网的原理、特征、性能

- 熟悉城域网、个域网、体域网的结构与原理

CN3　无线网络与移动网络

最少学时：3

知识点：

- 无线网络结构与访问控制

- 无线局域网与 AP

- 移动网络结构与移动性管理

- 移动自组织网络

学习目标：

- 熟悉无线网络的结构
- 熟悉无线信道的访问控制机制
- 掌握无线局域网 WiFi 的原理
- 掌握 AP 的原理
- 了解 4G/5G 移动网络的原理
- 了解移动性管理机制
- 了解移动自组织网络与延迟容忍网络原理

CN4　互联网与 TCP/IP 协议

最少学时：8

知识点：

- Internet 应用层协议
- Internet 传输层协议
- Internet 网络层协议
- 移动 IP/IPv6 协议
- 6LowPAN 协议

学习目标：

- 掌握 Internet 应用层协议
- 掌握 Internet 传输层协议
- 掌握 Internet 网络层协议
- 熟悉无线 TCP 协议
- 熟悉移动 IP/IPv6 协议
- 熟悉 6LowPAN 协议
- 了解物联网应用对协议的要求

CN5　网络设备

最少学时：2

知识点：

- 网卡原理

- 交换机原理与结构

- 路由器原理与结构

学习目标：

- 熟悉网卡的工作原理

- 熟悉交换机的原理与使用

- 熟悉路由器的原理与使用

CN6　网络应用

最少学时：1

知识点：

- 网络服务模型

- 音视频应用

- 网络搜索

学习目标：

- 熟悉 C/S、P2P、消息订阅与发布机制等主要的网络服务模型

- 了解 IPTV、VoIP、社交网络与即时通信（QQ、微信）等典型的网络应用技术

- 了解搜索引擎、实时搜索技术

CN7　网络安全

最少学时：2

知识点：

- 网络安全需求

- 网络攻击技术

- 网络防御技术

学习目标：

- 了解网络的安全需求

- 了解网络攻击技术

- 了解防火墙、IDS/IPS、VPN、DMZ、网络隔离等网络防御的主要方法及实
  现技术

CN8　网络管理

最少学时：2

知识点：

- 网络管理模型

- 网络管理协议

- 网络管理工具

学习目标：

- 了解网关模型

- 熟悉典型的网络管理协议 SNMP

- 能使用一种网关工具进行初步的网络管理

CN9　新型网络

最少学时：2

知识点：

- SDN、NFV 与 OpenFlow

- 未来互联网

- 空天地海一体化网络

学习目标：

- 了解 SDN 的原理及 OpenFlow 等相关协议

- 了解未来互联网及内容路由网络的原理
- 了解空天地海一体化网络的特点与关键技术

5.3.2 专业核心知识描述

1. 概念与模型（CM）

CM1 物联网模型与结构

CM2 物联网感知

CM3 物联网通信

CM4 物联网计算与服务

CM5 物联网安全与隐私

CM6 物联网控制

CM7 物联网工程与应用

CM8 物联网与云计算、大数据、人工智能

CM9 物联网工程概要

CM1　物联网模型与结构

最少学时：3

知识点：

- 功能模型
- 层次模型
- 分域模型
- 拓扑结构

学习目标：

- 熟悉物联网的功能模型
- 熟悉物联网的层次模型
- 掌握物联网的分域模型（六域模型）

- 理解功能模型与层次模型之间的关系

- 连接物联网常用网络拓扑结构

CM2　物联网感知

最少学时：3

知识点：

- 标识的方法

- 感知的方法

学习目标：

- 了解物联网中标识和感知的作用

- 理解常用的定位和标识技术及方法

- 熟悉常见的感知技术的工作原理和信息感知的基本方法

CM3　物联网通信

最少学时：2

知识点：

- 通信方式

- 通信网络

学习目标：

- 熟悉物联网环境下的常用通信方式

- 熟悉物联网环境下常用通信网络及其特点

CM4　物联网计算与服务

最少学时：2

知识点：

- 数据存储方法

- 数据处理方法

- 信息服务模式

学习目标：

- 了解物联网环境下的数据特征和数据存储需求

- 了解网络存储的基本体系结构和特点

- 了解数据中心的基本概念及典型的数据中心

- 了解物联网数据的智能处理技术

- 了解物联网环境下提供信息服务的典型模式

CM5 物联网安全与隐私

最少学时：1

知识点：

- 网络安全

- 信息安全

- 隐私保护

学习目标：

- 了解网络安全和信息安全的基本概念

- 理解物联网面临的安全和隐私方面的隐患

- 熟悉物联网环境下保护位置信息的重要性

- 掌握提高物联网安全性和保护位置信息及个人隐私的基本手段

CM6 物联网控制

最少学时：1

知识点：

- 控制模型

- 控制技术

学习目标：

- 了解自动控制的基本原理

- 理解常见的控制模型

- 了解自动控制系统的基本控制方式

- 了解物联网环境下的控制需求和控制功能

CM7　物联网工程与应用

最少学时：2

知识点：

- 物联网工程方法

- 物联网应用模式

学习目标：

- 了解物联网工程的含义

- 了解物联网应用的模式

- 了解物联网应用系统的原理、一般模型与架构

CM8　物联网与云计算、大数据、人工智能

最少学时：1

知识点：

- 云计算、大数据、人工智能的概念

- 物联网环境中云计算、大数据、人工智能方法与技术的应用

学习目标：

- 了解云计算、大数据、人工智能的基本方法

- 了解物联网环境中对云计算、大数据、人工智能技术的应用

CM9　物联网工程概要

最少学时：1

知识点：

- 工程要素

- 专业概览

学习目标：

- 了解物联网工程的特点、实施要素、工程与社会的关联

- 熟悉物联网工程专业的目标、知识与课程体系

2. 标识与感知（ID）

ID1 物品编码

ID2 物联网标识体系

ID3 物联网标识解析和信息发现

ID4 条形码

ID5 RFID

ID6 传感器与智能传感器

ID7 视频图像

ID8 智能无线感知

ID9 群智感知

ID10 感知系统部署

ID1　物品编码

最少学时：2

知识点：

- 物品编码

- 物品编码体系

- 物品编码体系建设与实施

- 全球统一标识系统 ANCC

- EAN·UCC 编码体系

学习目标：

- 了解物品编码及其与其他编码的区别

- 了解常见的物品编码体系

- 了解物品编码管理体系、标准体系、服务体系和信息资源体系

- 了解全球统一标识系统 ANCC 的组成

- 认识编码与条形码、RFID 等数据载体的关系

- 熟悉 EAN·UCC 的编码体系

ID2 物联网标识体系

最少学时：1.5

知识点：

- 物联网编码标识体系

- 国家物联网标识体系 Ecode

- 物联网相关标识体系

- 物联网标识应用

- 物联网编码标识标准化

- 物联网标识技术发展

学习目标：

- 了解物联网编码标识体系

- 掌握国家物联网标识体系 Ecode

- 了解 EPC 编码标识系统、OID 对象标识、mCode 编码体系、UID 标识体系、
  Handle 系统、ISO 物联网编码标识标准

- 熟悉国家物联网标识体系 Ecode 的应用

- 了解国内外物联网标准化的现状和研究方向

- 了解物联网编码标识标准

- 了解物联网标识技术发展

ID3 物联网标识解析和信息发现

最少学时：0.5

知识点：

- 物联网解析技术
- 物联网信息发现技术

学习目标：

- 熟悉 ONS 解析系统、EPC 解析系统
- 掌握 Ecode 解析系统
- 了解 OID 解析系统、Handle 解析系统、ISO 物联网编码标识标准
- 了解物联网发现技术

ID4　条形码

最少学时：2

知识点：

- 一维条形码
- 二维条形码
- 条形码应用系统

学习目标：

- 了解自动识别技术的种类
- 了解编码规则、符号表示技术、识读技术、印刷技术、条形码应用系统设计技术等条形码关键技术
- 熟悉商品条形码及其符号表示方法
- 了解二维条形码种类和编码方法
- 掌握条形码应用系统设计方法

ID5　RFID

最少学时：24

知识点：

- 工作原理与系统组成

- 标准与协议

- 单元化技术

- 系统化技术

- 应用系统设计

学习目标：

- 了解 RFID 的工作原理与系统组成

- 了解 RFID 标准、协议及标准体系

- 掌握 RFID 标签、读写器、中间件等的结构和工作原理

- 熟悉 RFID 系统防冲突技术、RFID 网络系统技术、RFID 系统安全及隐私技术

- 掌握 RFID 应用系统设计技术和实施技术

ID6　传感器与智能传感器

最少学时：24

知识点：

- 传感器的原理

- 传感器的结构

- 传感器的应用方式

- 无线传感器

- 光纤传感器

学习目标：

- 了解传感器与自动检测系统的基本概念

- 熟悉传感器的结构与实现技术

- 掌握各类传感器的工作原理，包括物理量传感器、化学量传感器、生物量传感器

- 熟悉常用传感器的应用模式，具体包括温度检测传感器的应用、机械量检

测传感器的应用、光电红外传感器的应用、数字式位置传感器与接近开关的应用、环境量检测及传感器的应用

- 了解传感器的非线性补偿、智能化、可靠性、抗干扰等自动检测系统设计的关键技术
- 掌握无线传感器的工作原理
- 掌握无线传感器的结构、组成与实现技术
- 了解无线传感器的组网方式
- 掌握无线传感器的应用技术
- 掌握光纤传感器的工作原理
- 掌握光纤传感器的结构
- 了解光纤传感器的组网方式
- 掌握光纤传感器的应用技术

ID7　视频图像

最少学时：5

知识点：

- 图像传感器的原理
- 视频监控系统的组成
- 视频编码标准
- 视频监控系统的发展
- 智能视频监控系统的应用

学习目标：

- 掌握视频监控系统的原理、组成和发展
- 了解视频编码的相关标准
- 了解视频监控系统的设计与实施方法
- 了解智能视频监控系统的应用

ID8　智能无线感知

最少学时：2

知识点：

- 无线信道参数
- 无线感知的原理
- 无线感知的应用

学习目标：

- 熟悉 RSSI、CSI、相位等无线信道参数
- 掌握基于 WiFi 的无线感知原理
- 掌握基于 RFID 的无线感知原理
- 掌握基于蓝牙的无线感知原理
- 了解无线感知的应用

ID9　群智感知

最少学时：1

知识点：

- 群智感知计算
- 群智感知的数据采集与标注
- 群智感知的知识获取
- 群智感知的应用

学习目标：

- 了解群智感知的计算原理
- 了解群智感知的数据采集、标注和知识获取方法
- 了解群智感知的应用

ID10　感知系统部署

最少学时：2

知识点：

- RFID 系统部署

- 无线传感器部署

- 光纤传感器部署

学习目标：

- 熟悉 RFID 系统的部署技术

- 熟悉无线传感器的部署方法与技术

- 熟悉光纤传感器的部署方法

3. 通信与定位（CL）

CL1 通信基础

CL2 物联网通信的相关标准及架构

CL3 物联网网关

CL4 无线传感网

CL5 工业无线网络

CL6 车联网

CL7 定位技术与位置服务

CL1 通信基础

最少学时：14

知识点：

- 通信基础知识

- 模拟通信原理

- 数字通信原理

- 短距离无线通信

- 中远距离无线通信

- 通信网

学习目标：

- 熟悉通信的基础知识

- 了解模拟通信原理和数字通信原理

- 了解常用短距离无线通信技术的基本原理及关键技术，包括 RFID 通信技术、NFC 通信技术、红外通信技术、蓝牙通信技术、ZigBee 通信技术，能够根据应用场景制定合适的短距离无线通信解决方案

- 了解 4G/5G 等移动通信相关技术，掌握移动通信系统的组成及基本原理

- 了解卫星通信的原理与技术

- 了解常用的中远距离无线接入技术

- 熟悉通信网的组成

CL2　物联网通信的相关标准及架构

最少学时：2

知识点：

- 通信标准

- 网络架构

- 广域窄带物联网通信技术 NB-IoT、LoRa、SigFox、eMTC 等

- 5G 物联网通信技术

学习目标：

- 了解物联网通信主要标准的基本原理与主要内容

- 熟悉物联网通信网络架构的基本原理与关键技术

- 掌握 NB-IoT、LoRa、SigFox、eMTC 等物联网通信技术及其应用方法

- 熟悉 5G 通信技术及其在物联网领域的应用方法

CL3　物联网网关

最少学时：2

知识点：

- 物联网网关架构、功能与原理

- 物联网网关协议

- 5G 物联网网关协议

- 边缘计算网关

学习目标：

- 掌握物联网网关的架构、功能、原理与特点

- 掌握典型协议 MQTT

- 掌握 5G 物联网网关协议

- 掌握边缘计算相关的网关协议

CL4　无线传感网

最少学时：12

知识点：

- 传感网的结构

- Ad Hoc 网络

- 传感网的协议

- 传感网的技术

- 传感网的应用

学习目标：

- 掌握传感网的基本结构

- 掌握 Ad Hoc 网络的特点和基本结构、路由协议，包括表驱动、按需驱动、地理信息辅助路由

- 掌握传感网的协议，包括 MAC 协议、路由协议

- 掌握传感网的重要技术，包括命名与寻址、拓扑控制、时间同步、能耗控制、网络部署等

- 掌握传感网的应用模式

CL5　工业无线网络与工业互联网

最少学时：1

知识点：

- 工业无线网络的关键技术

- 常见的工业无线网络（ISA100.11a、WIA-PA、WirelessHART）

- 工业互联网的需求与主要技术

学习目标：

- 掌握工业无线网络的特点和关键技术

- 了解 ISA100.11a、WIA-PA、WirelessHART 的基本原理

- 了解工业互联网的实现技术

CL6　车联网

最少学时：1

知识点：

- 车联网的基本原理

- 车联网的通信协议

学习目标：

- 掌握车联网的架构与特点

- 了解 DSRC、WAVE

- 了解基于 LTE 的车载网技术 LTE-V

CL7　定位技术与位置服务

最少学时：32

知识点：

- 卫星定位

- 蜂窝定位

- 无线室内定位

- 其他定位技术

- 定位服务系统（LBS）

学习目标：

- 了解卫星定位的原理

- 熟悉 GPS、北斗等典型的卫星定位导航系统

- 熟悉 GIS 技术和地图匹配

- 了解蜂窝定位技术分类

- 熟悉 TOA、TDOA 定位算法

- 熟悉基于信号强度 RSS 的室内定位原理

- 了解蓝牙、RFID、UWB、ZigBee 等室内定位方法

- 了解 A-GPS、无线 AP 定位等新兴定位技术

- 熟悉位置服务系统（LBS）的应用模式与应用方法

4. 计算与平台（CP）

CP1 物联网计算模式

CP2 并行计算

CP3 分布式计算

CP4 云计算

CP5 大数据处理平台

CP6 边缘计算

CP7 服务计算

CP8 嵌入式计算

CP1　物联网计算模式

最少学时：2

知识点：

- 物联网的信息处理模式
- 物联网的服务模式

学习目标：

- 熟悉物联网的信息处理模式与主要方法
- 熟悉物联网服务模式

CP2　并行计算

最少学时：8

知识点：

- 并行计算机的类型（SMP、MPP、集群）
- 并行编程（OpenMP、MPI、OpenACC）

学习目标：

- 熟悉并行计算机的类型及其使用方法
- 掌握并行编程的方法与工具

CP3　分布式计算

最少学时：2

知识点：

- 分布式计算模型
- 分布式编程

学习目标：

- 熟悉分布式计算模型
- 掌握分布式编程工具

CP4　云计算

最少学时：8

知识点：

- 云计算模式

- 虚拟化与工具（XEN、KVM、vSphere、ESXi 等）

- 云计算管理平台（如 OpenStack）

学习目标：

- 了解云计算的典型模式，包括私有云、公有云、混合云、社区云以及 IaaS、PaaS、SaaS

- 熟悉虚拟化的方法与主要工具

- 掌握典型的云计算管理平台

CP5 大数据处理平台

最少学时：8

知识点：

- Hadoop 处理平台（HDFS、MapReduce、HBase 等）

- 基于内存的大数据处理工具 Spark

- 流式数据分析与工具 Storm

学习目标：

- 熟悉 Hadoop 处理平台的主要工具

- 熟悉内存计算及 Spark 的使用

- 熟悉流式数据分析方法与 Storm 的使用

CP6 边缘计算

最少学时：2

知识点：

- 边缘计算系统的架构

- 边缘计算系统的任务调度

- 边缘计算系统的性能优化

- 基于边缘计算的物联网数据融合

- 边缘计算的主要工具与系统（iFogSim 等）

- 群智协同计算

学习目标：

- 了解边缘计算系统的架构

- 了解边缘计算系统的任务调度方法

- 了解边缘计算系统的性能优化

- 了解基于边缘计算的物联网数据融合

- 了解边缘计算的主要工具与系统（iFogSim 等）

CP7　服务计算

最少学时：2

知识点：

- 面向服务的体系架构

- 服务发现

- 服务组合

- 服务验证

学习目标：

- 熟悉面向服务的体系架构及其实现技术与工具

- 了解服务发现的方法、技术与工具

- 了解服务组合的方法、技术与工具

- 了解服务验证的方法、技术与工具

CP8　嵌入式计算

最少学时：32

知识点：

- 嵌入式处理器

- 嵌入式编程

- 嵌入式操作系统

- 嵌入式系统开发

学习目标：

- 熟悉典型的嵌入式处理器

- 掌握嵌入式编程方法与工具

- 掌握典型嵌入式操作系统的裁剪与植入方法

- 掌握嵌入式系统的开发方法

5. 智能与控制（IC）

IC1 数据预处理与数据质量

IC2 数据存储与管理

IC3 数据统计与分析

IC4 数据挖掘

IC5 机器学习

IC6 数据可视化

IC7 智能计算系统

IC8 物联网控制的特征

IC9 自动控制原理与技术

IC10 计算机控制系统

IC11 分布式控制系统与现场总线

IC12 智能控制技术

IC13 网络控制技术

IC14 物联网控制系统设计与实例

IC1　数据预处理与数据质量

最少学时：4

知识点：

- 物联网数据的获取

- 物联网数据的特征

- 数据预处理的需求与挑战

- 数据预处理的主要方法（清洗、降维、集成、规约等）

- 数据质量评估

学习目标：

- 了解物联网数据的产生过程

- 掌握物联网的数据类型、特征和采集方法

- 掌握数据清理、集成、变换和规约的基本工具、方法和技术

- 了解物联网数据质量管理的流程与评估方法

IC2　数据存储与管理

最少学时：8

知识点：

- 数据存储原理

- 磁盘阵列

- 存储层次

- 虚拟存储

- 网络存储与云存储

学习目标：

- 了解数据存储的基本原理

- 掌握磁盘阵列的工作原理、使用与配置

- 掌握网络存储与云存储的原理与应用技术

IC3　数据统计与分析

最少学时：6

知识点：

- R 语言的基础知识

- 随机变量、密度函数、一元线性回归模型

- 多元线性回归模型

- 主成分分析

- 因子分析

学习目标：

- 了解物联网数据分析的基本需求

- 掌握基本的数据分析方法与工具

- 熟悉使用 R 语言进行数据分析的方法

IC4　数据挖掘

最少学时：6

知识点：

- 数据挖掘的基本概念

- 关联分析与频繁模式挖掘

- 分类与预测

- 聚类

学习目标：

- 理解数据挖掘的基本原理与方法

- 通过案例实践，掌握数据挖掘方法的应用

- 掌握挖掘模式、聚类分析等的概念与方法

IC5　机器学习

最少学时：6

知识点：

- 机器学习的基本概念与典型应用

- 机器学习的典型算法

- 神经网络与深度学习

- 支持向量机

- 集成学习

- 概率图模型

- 模型的评估与选择

- 大规模机器学习

学习目标：

- 了解机器学习的基本概念与物联网中的典型应用

- 掌握机器学习的问题定义、基本模型

- 了解机器学习的前沿技术与研究现状

IC6 数据可视化

最少学时：8

知识点：

- 可视化的基础知识

- 感知与认知

- 可视化任务定义

- 视图设计

- 交互设计

学习目标：

- 了解数据可视化与可视分析的基本原理

- 掌握典型的可视化模式及设计方式

- 结合数据特征，理解并定义可视化任务

- 了解简单的视图设计、交互设计方法

- 实现对时空、高维等典型物联网数据的可视分析

IC7　智能计算系统

最少学时：6

知识点：

- 机器学习编程框架与编程语言

- 机器学习处理器的结构与设计

- 分布式智能计算系统

- 智能计算系统的软硬件协同优化

学习目标：

- 掌握机器学习编程框架与编程语言

- 了解机器学习处理器的结构与设计

- 理解分布式智能计算系统

- 熟悉智能计算系统的软硬件协同优化

IC8　物联网控制的特征

最少学时：1

知识点：

- 物联网控制的目的与需求

- 物联网控制系统的基本结构

学习目标：

- 了解物联网控制的特点和目的

- 了解物联网控制的应用需求

- 掌握物联网控制系统的基本结构

- 了解信息物理系统（CPS）的原理与结构（选学）

IC9　自动控制原理与技术

最少学时：4

知识点：

- 控制模式

- 数学模型

- 控制方法

学习目标：

- 了解自动控制系统的组成

- 掌握开环控制模式与闭环控制模式的特点与异同

- 了解建立自动控制系统数学模型的一般方法

- 熟悉拉氏变换的基本法则及典型函数的拉氏变换形式

- 掌握传递函数的概念及典型环节的传递函数形式

- 掌握 PID 校正的思想及算法

- 了解控制系统的综合校正方法（选学）

- 了解控制系统的时域分析和频域分析方法（选学）

IC10　计算机控制系统

最少学时：6

知识点：

- 控制系统的组成

- 控制系统的设计

学习目标：

- 掌握计算机控制系统的基本组成与结构

- 掌握计算机控制系统的信息采集与处理方法

- 掌握计算机控制系统的控制器设计方法

- 掌握计算机控制系统常用执行机构（直流电机、步进电机、电磁阀）的原理与控制方法

- 掌握利用软件进行控制系统仿真的方法

IC11　分布式控制系统与现场总线技术

最少学时：1

知识点：

- 分布式控制系统

- 现场总线

- 组态软件（选学）

学习目标：

- 了解分布式控制系统的组成与结构

- 了解现场总线的原理与结构

- 掌握一种常用现场总线技术（如 CAN）

- 了解分布式控制系统的组态软件功能（选学）

IC12　智能控制技术

最少学时：2

知识点：

- 智能控制系统的结构

- 智能控制方法

学习目标：

- 掌握智能控制系统的基本结构

- 掌握模糊逻辑控制方法

- 了解神经网络控制方法（选学）

- 了解专家系统控制技术（选学）

- 了解学习控制技术（选学）

IC13　网络控制技术

最少学时：2

知识点：

- 基于互联网的控制系统结构

- 基于互联网的控制系统关键技术

- 基于互联网的控制系统设计与实现

学习目标：

- 了解基于互联网的控制系统的需求

- 了解基于互联网的控制系统的结构

- 了解基于互联网的实时数据传输技术

- 了解网络传输延迟和数据丢失处理技术

- 了解系统安全性和保密性技术

- 了解基于互联网的远程控制性能监测与维护

IC14 物联网控制系统设计与实例

最少学时：4

知识点：

- 物联网控制系统的设计方法

- 实例分析

学习目标：

- 掌握物联网控制系统的设计方法

- 熟悉一个物联网控制系统的实例

6. 安全与隐私（SP）

SP1 物联网安全需求与特征

SP2 物联网安全体系

SP3 物联网安全的核心技术

SP4 物联网感知安全

SP5 物联网传输安全

SP6 物联网数据安全

SP7 物联网隐私保护

SP8 物联网系统安全

SP9 区块链技术及其在物联网安全中的应用

SP1 物联网安全需求与特征

最少学时：2

知识点：

- 物联网的安全需求

- 物联网的安全特征

学习目标：

- 了解物联网面临的安全问题

- 了解物联网安全与网络安全的区别

- 了解物联网的安全特征

SP2 物联网安全体系

最少学时：2

知识点：

- 物联网安全服务与现有安全机制的关系

- 物联网的安全体系与结构

- 物联网的安全管理模型与方法

- 物联网的层次安全问题

学习目标：

- 了解物联网安全服务与现有安全机制的关系

- 熟悉物联网的安全体系与结构

- 掌握物联网的安全管理模型和方法

- 了解物联网感知层、传输层、数据层和应用层的安全问题

SP3　物联网安全的核心技术

最少学时：6

知识点：

- 信任管理技术

- 身份认证技术

- 访问控制技术

- 数字签名技术

- 入侵检测技术

- 数据加密技术

- 内容审计技术

学习目标：

- 熟悉物联网的信任管理技术

- 掌握物联网的身份认证技术

- 掌握物联网的访问控制技术

- 掌握物联网的数字签名技术（如 RSA 签名等）

- 掌握物联网的入侵检测技术（如 DoS、DDoS 等）

- 掌握物联网的数据加密技术（如 3DES、AES、RSA 算法等）

- 掌握物联网的内容审计技术

SP4　物联网感知安全

最少学时：4

知识点：

- 物联网感知节点的安全接入机制

- 物联网感知节点的安全传输机制

- 物联网感知节点的容侵容错机制

学习目标：

- 了解感知节点中传感器和 RFID 的安全问题
- 熟悉物联网感知节点的安全接入机制与方法
- 熟悉物联网感知节点的安全传输机制与方法
- 熟悉物联网感知节点的容侵容错机制和方法

SP5　物联网传输安全

最少学时：4

知识点：

- 物联网的安全数据传输协议
- 物联网的安全数据传输方法
- 物联网的安全路由管理技术

学习目标：

- 了解物联网数据传输中面临的主要安全问题
- 熟悉物联网数据传输中的主要安全协议（如 IPSec、SSH 等）
- 熟悉物联网数据传输中的防篡改方法（如 MD5、区块链等）
- 了解物联网的安全路由协议

SP6　物联网数据安全

最少学时：4

知识点：

- 数据安全存储
- 数据安全管理
- 数据安全计算

学习目标：

- 了解物联网数据处理中面临的主要安全问题
- 掌握物联网数据存储中的安全技术（如云安全等）

- 了解物联网数据计算中的安全技术（如同态加密等）

- 熟悉物联网数据管理中的安全策略与技术

SP7　物联网隐私保护

最少学时：4

知识点：

- 身份隐私保护

- 位置隐私保护

- 差分隐私保护

学习目标：

- 了解物联网的隐私保护需求和概念

- 掌握位置服务中的隐私保护方法（如 K- 匿名）

- 熟悉差分隐私保护方法及其在数据库中的应用

SP8　物联网系统安全

最少学时：4

知识点：

- 系统接入安全

- 系统运行安全

- 系统服务安全

- 系统侵权取证

学习目标：

- 了解物联网系统面临的主要安全问题

- 掌握物联网系统的安全接入与访问控制技术

- 熟悉物联网系统运行安全技术——病毒检测与防护技术

- 熟悉物联网系统运行安全技术——防火墙原理与技术

- 掌握物联网系统服务时的安全问题和解决方法

SP9　区块链技术及其在物联网安全中的应用

最少学时：2

知识点：

- 区块链的概念与模型

- 区块链共识技术

- 区块链智能合约技术

- 基于区块链实现物联网安全的方法

学习目标：

- 了解区块链的概念与技术模型

- 熟悉区块链共识技术

- 了解区块链智能合约技术

- 了解区块链应用于物联网的方法

7. 工程与应用（PD）

PD1 物联网工程设计方法

PD2 可行性研究与需求分析

PD3 网络工程与数据中心设计

PD4 应用系统的设计、开发与部署

PD5 工程实施与工程管理

PD6 物联网工程测试与评价

PD7 系统运行维护与管理

PD8 物联网工程案例

PD1　物联网工程设计方法

最少学时：2

知识点：

- 物联网工程设计的目标与约束

- 设计过程与设计文档

学习目标：

- 熟悉物联网工程设计的目标与约束条件

- 熟悉物联网工程的设计过程

- 熟悉物联网工程的主要设计文档

PD2　可行性研究与需求分析

最少学时：4

知识点：

- 可行性研究的内容

- 可行性研究报告的编制

- 需求分析收集

- 需求说明书编制

学习目标：

- 了解可行性研究的主要内容

- 掌握可行性研究报告的撰写方法

- 了解需求分析的内容与目标

- 掌握需求分析说明书的撰写方法

PD3　网络工程与数据中心设计

最少学时：8

知识点：

- 逻辑网络设计

- 物理网络设计

- 数据中心设计

- 网络管理设计
- 网络地址设计
- 网络安全设计
- 逻辑网络设计文档规范
- 物理网络设计文档规范
- 数据中心设计文档规范

学习目标：

- 熟悉逻辑网络设计的任务与目标
- 掌握逻辑网络的结构及其设计方法
- 掌握逻辑网络设计文档的撰写方法
- 熟悉物理网络设计的任务与目标
- 熟悉物理网络的结构及其设计方法
- 熟悉主流的物联网相关设备与传输网络
- 掌握物理网络设计文档的撰写方法
- 熟悉数据中心设计的任务与目标
- 熟悉数据中心设计方法
- 熟悉主流的数据中心设备
- 掌握数据中心设计文档的撰写方法

PD4　应用系统的设计、开发与部署

最少学时：8

知识点：

- 软件工程
- 应用软件设计规范

学习目标：

- 掌握软件工程的基本理论、技术与方法

- 掌握应用软件设计规范

PD5　工程实施与工程管理

最少学时：4

知识点：

- 实施内容

- 招投标与设备采购

- 施工管理

- 工程验收

学习目标：

- 了解物联网工程实施过程的主要内容与要求

- 了解设备采购过程与相关法规、制度、财务规章

- 了解施工过程管理与质量监控方法

- 了解工程验收标准、程序与实施要求

PD6　物联网工程测试与评价

最少学时：2

知识点：

- 测试方法

- 测试文档

- 工程质量评价

学习目标：

- 了解系统性能测试的方法与工具

- 了解测试文档的撰写规范

- 了解基于测试结果的质量评价方法

PD7　系统运行维护与管理

最少学时：2

知识点：

- 运行监控

- 性能优化

- 系统升级

学习目标：

- 了解运行监控的内容、方法与主要工具

- 了解系统性能测试的方法与工具

- 了解系统故障的判定与排除方法

- 了解系统优化的主要方法和途径

- 了解软件升级的流程、失效预案管理

PD8　物联网工程案例

最少学时：2

知识点：

- 物联网工程的案例

学习目标：

- 通过完成一个具体的物联网工程案例掌握物联网的设计与实施方法

第6章
物联网工程专业课程体系

6.1　专业课程体系设计方法与课程设置

在进行物联网工程专业课程体系设置时，需要考虑两个方面的问题。

一方面，物联网工程专业的学科交叉性强，学生需要具有感知、通信、计算、数据、智能、控制、安全等方面的综合知识和能力。这些知识和能力涉及多个学科、专业领域，例如，计算、数据等是计算机科学与技术学科的核心能力，通信是信息与通信工程学科的核心能力，控制是控制科学与工程学科的核心能力，感知、智能、安全等更是横跨计算机、电子、通信、自动化、网络空间安全等多学科领域的核心能力。如果简单地将物联网工程涉及的多学科领域的现有课程进行裁剪和叠加，再增加物联网导论等专业核心课程，不仅会造成课程繁多，而且不符合减少课程和学分的总体改革趋势。更重要的是，课程过多会导致专业知识分散，很难将课程内容与知识体系进行有效关联，难以形成系统性课程体系等问题，最终造成物联网工程专业课程体系的特色不明显。

另一方面，目前国内已经开办物联网工程专业的办学单位中，绝大部分是依托现有的计算机类专业进行物联网工程专业建设的，也有少部分是依托现有的电子、通信、自动化等专业进行物联网工程专业建设的。如何充分利用依托专业的建设成果构建具有物联网工程专业特色的课程体系是各办学单位迫切需要解决的问题。

为此，本规范在进行物联网工程专业课程体系设计时，遵循"衔接、关联、融合"原则，强化课程间的衔接与关联，对教学内容进行了更新与优化，并在深度与广度上加以拓展：

1）对从依托专业继承来的专业基础课程，不是简单地进行"叠加式"继承，而是按照专业能力培养的需求，对这些课程进行内容上的衔接、关联和融合设计，既要有效控制学分，又要体现物联网工程专业的特色。

2）对于物联网工程专业的专业核心课程，围绕一致的目标进行核心课程设计，既要保证课程间的衔接、关联的逻辑性，又要避免课程间内容上的缺失或重复。

本规范将专业课程体系分为专业基础课程、专业核心课程、领域应用课程三个部分。

- **专业基础课程**：专业基础课程包括程序设计、数据结构与算法、离散数学、电路与电子技术、逻辑电路设计、计算机组成与接口、操作系统、数据库系统、计算机网络。

- **专业核心课程**：专业核心课程按物联网概念与模型、物联网标识与感知、物联网通信与定位、物联网计算与平台、物联网智能与控制、物联网安全与隐私、物联网工程与应用 7 个课程群进行组织，每个课程群由专业必修课程和专业选修课程组成。本规范设计了 11 门专业必修课程，包括物联网导论、RFID 原理及应用、传感器原理及应用、物联网通信技术、传感网原理及应用、嵌入式系统与智能硬件、云计算与边缘计算、物联网大数据、物联网控制、物联网信息安全、物联网系统设计与工程实施等。同时，本规范还给出了 14 门专业选修课程示例，包括信息物理系统、视频监控与分析、定位技术与位置服务、智能硬件设计与实现、人工智能、机器学习、数据挖掘、智能机器人技术与应用、区块链技术及应用、车联网技术及应用、工业互联网及应用、5G+ 物联网、物联网智能计算系统、物联网中间件。

- **领域应用课程**：各办学单位可根据各学校的特色、区域、行业等优势，针对智慧城市、工业生产、智慧农业、智能交通、智能物流、智能电网、智能家居、智慧医疗、城市安保、环境监测、国防应用等典型应用开设相关课程。

6.2 专业基础课程体系

6.2.1 专业基础课程设置

物联网工程专业学生应具备的四方面能力需要通过系列课程的理论与实践教学环节培养，其中跨域物联系统设计能力、数据处理与智能分析能力的培养需要部分计算机科学与技术专业系列课程的支撑。

跨域物联系统设计能力包含物联网系统各层次的设计能力，其中智能节点的设计、智能网关的设计等能力的培养需要电路与电子技术、计算机系统与接口等领域知识的支撑。

从满足跨域物联网系统设计能力培养最基本的要求看，建议电路与电子技术领域知识至少包括电路的基本分析方法和电路定理、模拟电路、数字电路及模数与数模转换等主要知识单元，可直接开设工科大类电路与电子技术的相关课程。由于物联网工程专业的研究对象是物联网系统而不是计算机系统，本专业设置计算机系统与接口领域知识的主要目的是帮助学生对物联网部分功能部件及物联网系统工作原理有较为深入的理解，为物联网功能部件及系统的优化设计奠定基础。因此，计算机系统与接口领域知识不需要全部开设对应于计算机类专业的数字电路与逻辑设计、计算机组成原理、计算机体系结构、接口技术、操作系统等课程，可通过整合上述课程教学内容的方式实现。

物联网工程专业的数据处理与智能分析能力需要算法分析与设计能力、程序设计与实现能力等基础能力作为支撑，而这些基础能力可通过高级语言程序设计、数据结构与算法、离散数学等课程来培养。

图 6-1 是一个示例，给出了计算机科学与技术专业课程、物联网工程专业基础课程与物联网工程专业部分能力点之间的对应关系。下层是计算机科学与技术专业开设的课程，中间层是建议物联网工程专业开设的基础课程，上层是物联网工程专业的能力点。从下层指向中间层的箭头旁的文字说明了从计算机科学与技术专业课程向物联网工程专业基础课程转换过程中的着力点。如果箭头旁没有标明转换方法的，建议该课程采用计算机科学与技术专业中对应课程的教学内容。

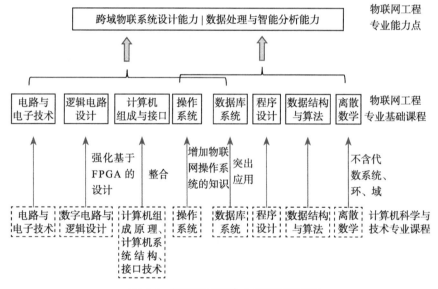

图 6-1　物联网工程专业基础课程设计

本规范设置了 9 门专业基础课程对专业基础知识单元进行覆盖，这些课程所涵盖的知识单元如表 6-1 所示。

表 6-1　专业基础课程及其知识单元

序号	课程名称	学时	实验学时	知识单元
1	程序设计	32	16	AP1
2	数据结构与算法	32	16	AP2
3	离散数学	32		AP3
4	电路与电子技术	48	8	CE1，CE2，CE3，CE4

序号	课程名称	学时	实验学时	知识单元
5	逻辑电路设计	32	16	CS1, CS3
6	计算机组成与接口	64	24	CS2, CS4
7	操作系统	48	16	CS5
8	数据库系统	40	16	DB1, DB2, DB3, DB4
9	计算机网络	48	8	CN1, CN2, CN3, CN4, CN5, CN6, CN7, CN8, CN9

6.2.2 专业基础课程的内容概述

1. 程序设计

课程目的：使学生通过课程的学习与实践，理解计算机科学问题求解的基本特点、过程型高级程序设计语言的构成和特点，掌握程序设计和软件开发的基本思想、方法和技巧，运用计算思维分析和解决实际问题。

先修课程：无

学时数：理论学时 32，实验学时 16

教学大纲：

（1）程序设计引论

（2）程序的基本结构

（3）算法设计基础

（4）数据类型基础

（5）基本控制结构

（6）函数

（7）指针与数组

（8）递归

（9）面向对象程序设计

涵盖知识单元：

AP1　程序设计

2. 数据结构与算法

课程目的： 使学生通过课程的学习与实践，掌握数据结构与算法的设计分析技术，提高程序设计质量；根据所求解问题的性质，选择合理的数据结构，并对时间、空间复杂性进行必要的控制。

先修课程： 程序设计

学时数： 理论学时 32，实验学时 16

教学大纲：

（1）算法、算法的时空复杂度等概念

（2）算法描述与算法分析方法

（3）常用的算法设计方法

（4）数据结构的基本概念和术语

（5）线性表、栈、队列

（6）字符串

（7）多维数组与广义表

（8）树形结构及其应用

（9）图及其应用

（10）常用排序算法

（11）常用查找技术

（12）文件

涵盖知识单元：

AP2　数据结构与算法

3. 离散数学

课程目的： 帮助学生熟练掌握离散数学的基本概念、结论、算法、推理与证明方法，培养学生的抽象思维、逻辑推理、符号演算和概括的能力，能够用离散数学中的数学方法解决本专业的实际问题。

先修课程：高等数学

学时数：理论学时 32

教学大纲：

（1）逻辑和证明

（2）集合的概念、关系及运算

（3）关系的基本概念、表示及运算

（4）函数的概念、性质及运算

（5）图的概念、表示及连通

（6）欧拉图及哈密尔顿图

（7）最短路径

（8）树的基本概念

（9）树的遍历

（10）生成树及最小生成树

涵盖知识单元：

AP3　离散数学

4. 电路与电子技术

课程目的：让学生熟悉电路知识，理解电路的基本概念、基本定律和电路定理，掌握电路的基本分析与设计方法。

先修课程：高等数学、线性代数、大学物理

学时数：理论学时 48，实验学时 8

教学大纲：

（1）电路元件

（2）电路理论基础及分析方法

（3）基本放大电路

（4）信号处理电路

（5）逻辑代数基础

（6）门电路

（7）组合逻辑电路

（8）时序逻辑电路

（9）模数与数模转换

涵盖知识单元：

CE1　电路的基本分析方法和电路定理

CE2　模拟电路

CE3　数字电路

CE4　模数与数模转换

5. 逻辑电路设计

课程目的： 帮助学生熟悉硬件描述语言的基本知识、组合逻辑及时序逻辑的相关概念，掌握使用硬件描述语言设计相关电路和数字系统的方法。

先修课程： 电路与电子技术

学时数： 理论学时 32，实验学时 16

教学大纲：

（1）硬件描述语言

（2）组合逻辑电路分析及基于 FPGA 的设计方法

（3）时序逻辑电路分析及基于 FPGA 的设计方法

涵盖知识单元：

CS1　数字逻辑

CS3　FPGA 技术

6. 计算机组成与接口

课程目的： 通过课程的学习与实践，帮助学生建立整机的概念，掌握计算机系统中运算器、存储器、控制器等主要功能部件及接口的工作原理与设计方法，熟悉流水线的主要性能指标和流水线相关处理方法，为物联网硬件系统的认知、设计与创新能力培养奠定良好的基础。

先修课程： 电路与电子技术、逻辑电路设计

学时数： 理论学时 64，实验学时 24

教学大纲：

（1）计算机系统概述

（2）数值的机器表示

（3）运算器

（4）存储系统的组织和结构

（5）指令系统与 CPU

（6）流水线

（7）总线与接口

涵盖知识单元：

CS2　计算机组成与体系结构

CS4　接口技术

7. 操作系统

课程目的： 介绍操作系统的设计和实现，包括操作系统概述、互斥性与同步性、处理器管理、调度算法、存储管理、设备管理和文件管理；熟悉物联网操作系统的需求和典型的物联网操作系统。

先修课程： 程序设计、数据结构与算法

学时数： 理论学时 48，实验学时 16

教学大纲：

（1）操作系统运行环境

（2）处理器管理

（3）进程同步、通信与死锁

（4）存储管理

（5）文件管理

（6）设备管理

（7）安全与保护

（8）物联网操作系统实例：Android Things 等

涵盖知识单元：

CS5　操作系统

8. 数据库系统

课程目的：培养学生的数据抽象与建模能力、分析与设计能力，能够使用一种数据库系统语言和应用开发工具，深刻理解数据库系统的体系结构与系统组成。

先修课程：程序设计、数据结构与算法、操作系统

学时数：理论学时 40，实验学时 16

教学大纲：

（1）数据库系统

（2）数据模型

（3）数据库的存储结构

（4）关系数据库

（5）SQL

（6）数据库完整性与安全

（7）数据库设计

（8）新型数据库

涵盖知识单元：

DB1　数据库

DB2　数据库管理

DB3　数据库系统

DB4　新型数据库

9.计算机网络

课程目的：通过课程的学习，使学生掌握计算机网络的体系结构，掌握局域网与广域网的原理与典型网络的应用，掌握无线网络与移动网络的原理与典型网络的应用，掌握互联网的主要协议，熟悉网络设备的工作原理与典型网络设备的使用，熟悉网络应用的工作原理并能实现基本的网络应用，熟悉网络安全的主要技术，熟悉网络管理方法与典型网络管理工具，初步了解未来互联网、SDN 等新型网络技术，能为物联网工程应用设计选型计算机网络。

先修课程：无

学时数：理论学时 48，实验学时 8

教学大纲：

（1）计算机网络体系结构

（2）局域网与广域网

（3）无线网络与移动网络

（4）互联网与 TCP/IP 协议

（5）网络设备

（6）网络应用

（7）网络安全

（8）网络管理

（9）新型网络

涵盖知识单元：

CN1　计算机网络体系结构

CN2　局域网与广域网

CN3　无线网络与移动网络

CN4　互联网与 TCP/IP 协议

CN5　网络设备

CN6　网络应用

CN7　网络安全

CN8　网络管理

CN9　新型网络

6.3　专业核心课程体系

专业核心课程覆盖物联网工程专业的核心知识，本规范按 7 个课程群进行组织，每个课程群由专业必修课程和专业选修课程组成，如表 6-2 所示。本规范设计了 11 门专业必修课程，同时给出了 14 门专业选修课程示例。各办学单位可以根据学科优势、地域和行业特色适当调整部分课程。

表 6-2　物联网工程专业核心课程体系

课程群	专业必修课程			专业选修课程示例
	课程	学时	实验学时	
物联网概念与模型	物联网导论	16		信息物理系统
物联网标识与感知	RFID 原理及应用	32	8	视频监控与分析
	传感器原理及应用	32	8	
物联网通信与定位	物联网通信技术	32	8	定位技术与位置服务
	传感网原理及应用	32	8	5G+ 物联网
物联网计算与平台	云计算与边缘计算	32	8	智能硬件设计与实现
	嵌入式系统与智能硬件	32	8	物联网中间件
物联网智能与控制	物联网大数据	32	8	数据挖掘
	物联网控制	32	8	机器学习 人工智能 物联网智能计算系统 智能机器人技术与应用
物联网安全与隐私	物联网信息安全	32	8	区块链技术及应用
物联网工程与应用	物联网系统设计与工程实施	32	8	车联网技术及应用 工业互联网及应用
学时统计		336	80	

6.3.1 专业必修课程设置

本规范设计了物联网导论、RFID 原理及应用、传感器原理及应用、嵌入式系统与智能硬件、物联网通信技术、传感网原理及应用、云计算与边缘计算、物联网大数据、物联网信息安全、物联网控制、物联网系统设计与工程实施 11 门专业必修课程，对专业核心知识单元进行覆盖，这些课程所涵盖的知识单元如表 6-3 所示。

表 6-3　专业必修课程及其知识单元

序号	课程名称	知识单元
1	物联网导论	CM1，CM2，CM3，CM4，CM5，CM6，CM7，CM8，CM9，ID5，ID7，CL4，CL7
2	RFID 原理及应用	ID1，ID2，ID3，ID4，ID5，ID6，ID8，ID10
3	传感器原理及应用	ID6，ID7，ID8，ID9，ID10
4	物联网通信技术	CL1，CL2，CL3，CL5，CL6，ID5
5	传感网原理及应用	CL4，CL5，CL6，ID9，ID10
6	云计算与边缘计算	CP1，CP2，CP3，CP4，CP5，CP6，CP7，DI2
7	嵌入式系统与智能硬件	CP8
8	物联网大数据	DI1，DI3，DI4，DI5，DI6
9	物联网控制	CT1，CT2，CT3，CT4，CT5，CT6，CT7
10	物联网信息安全	SP1，SP2，SP3，SP4，SP5，SP6，SP7，SP8，SP9
11	物联网系统设计与工程实施	PD1，PD2，PD3，PD4，PD5，PD6，PD7，PD8

6.3.2 专业选修课程设置建议

办学单位可根据本学校物联网工程专业的研究和应用特色、物联网技术和应用前沿方向开设专业选修课程，本规范给出了信息物理系统、视频监控与分析、定位技术与位置服务、5G+ 物联网、智能硬件设计与实现、物联网中间件、数据挖掘、机器学习、人工智能、物联网智能计算系统、智能机器人技术与应用、车联网技术及应用、工业互联网及应用、区块链技术及应用 14 门专业选修课程示例。

6.3.3 专业核心课程的内容概述

1.物联网概念与模型课程群

（1）物联网导论

课程目的： 学生通过课程的学习，能够初步了解物联网的基本概念、关键技术及其应用方法，为运用这些技术和方法构建物联网应用系统打下基础；了解物联网工程的概貌和物联网工程专业的知识体系、课程体系、专业方向和培养要求。

先修课程： 无

学时数： 理论学时 16

教学大纲：

- 物联网模型与体系结构

- 物联网感知

- 物联网通信

- 智能数据处理

- 物联网应用与服务

- 物联网控制

- 物联网安全

- 物联网应用模式

- 物联网工程介绍

- 物联网工程专业介绍

涵盖知识单元：

CM1   物联网模型与结构

CM2   物联网感知

CM3   物联网通信

CM4   物联网计算与服务

CM5   物联网安全与隐私

CM6   物联网控制

CM7   物联网工程与应用

CM8   物联网与云计算、大数据、人工智能

CM9   物联网工程概况

ID5　RFID

ID7　视频监控

CL4　无线传感网

CL7　定位技术与位置服务

（2）信息物理系统（CPS）

课程目的： 学生通过课程的学习，能够初步了解信息物理系统的基本概念、关键技术及其应用方法，为运用这些技术和方法构建信息物理系统打下基础，了解计算、通信与物理系统的一体化设计。

先修课程： 物联网通信技术、物联网控制、传感网原理及应用

学时数： 理论学时 32

教学大纲：

- 信息物理系统的特征（数据驱动、泛在连接、虚实映射、异构集成、系统自治）
- 信息物理系统的架构
- 信息物理系统的关键技术
- 信息物理系统的构建
- 信息物理系统的典型应用

2. 物联网标识与感知课程群

（1）RFID 原理及应用

课程目的： 学生通过理论和实践学习，能够全面了解 RFID 基本理论，掌握 RFID 应用技术及方法，能够构建 RFID 应用系统。

先修课程： 物联网导论、物联网通信技术

学时数： 理论学时 32，实验学时 8

教学大纲：

- 自动识别技术

- 物品编码、条形码与 RFID

- RFID 的工作原理

- RFID 标准

- RFID 标签

- RFID 读写器

- RFID 中间件

- RFID 系统防冲突技术

- 物联网标识解析和信息发现

- RFID 系统安全及隐私

- 基于 RFID 的智能无线感知技术

- RFID 应用系统设计与实施技术

- RFID 行业应用方案

涵盖知识单元：

ID1　物品编码

ID2　物联网标识体系

ID3　物联网标识解析和信息发现

ID4　条形码

ID5　RFID

ID6　智能无线感知

ID8　群智感知

ID10　感知系统部署

（2）传感器原理及应用

课程目的：通过本课程的学习，让学生熟悉传感器、智能传感器的原理与结构，掌握传感器的智能化、可靠性、抗干扰等关键实现技术，掌握智能传感器的组网、信息获取、传输及应用技术。

先修课程： 物联网通信技术

学时数： 理论学时 32，实验学时 8

教学大纲：

- 传感器的结构

- 传感器的工作原理

- 无线传感器

- 光纤传感器

- 成像传感器

- 智能传感器

- 传感器的信号处理

- 传感器的数据通信

- 传感器的操作系统（Android Things）

- 智能无线感知

- 群智感知

- 传感器部署

- 传感器应用

涵盖知识单元：

ID6　传感器与智能传感器

ID7　视频图像

ID8　智能无线感知

ID9　群智感知

ID10　感知系统部署

（3）视频监控与分析

课程目的： 通过本课程的学习，让学生掌握视频监控的原理、方法与技术，熟悉智能视频监控的原理、方法与技术，了解图像识别的原理、方法与技术。

先修课程：物联网通信技术

学时数：理论学时 32

教学大纲：

- 视频监控的构成

- 视频编码标准

- 模拟视频监控系统

- 数字视频监控系统

- 网络视频监控系统

- 视频监控应用

- 智能视频监控系统构成和功能

- 智能视频监控检测、跟踪技术

- 智能视频监控应用

- 图像识别技术原理

- 图像识别算法

- 图像识别应用

涵盖知识单元：

ID6　传感器与智能传感器

ID7　视频图像

ID11　感知系统部署

3.物联网通信与定位课程群

（1）物联网通信技术

课程目的：通过本课程的学习，让学生熟悉通信知识，能选用合适的通信技术及通信网络构建物联网，支撑物联网的应用。

先修课程：物联网导论

学时数：理论学时 32，实验学时 8

教学大纲：

- 通信基础

- 无线通信原理

- 近距离无线通信技术

- 中远距离无线通信技术

- 4G/5G 移动通信网络

- 有线通信技术

- 广域窄带物联网通信

- 物联网网关

- 工业无线网

- 车联网

涵盖知识单元：

CL1　通信基础

CL2　物联网通信相关标准及体系结构

CL3　物联网网关

CL5　工业无线网络

CL6　车联网

ID5　RFID

（2）传感网原理及应用

课程目的：通过本课程的学习，让学生了解无线传感器网络系统结构和组网方法，掌握传感网、通信协议及时间同步、定位、数据管理等关键技术，掌握无线传感器网络应用开发方法，为培养学生在无线传感网应用系统的构建与开发等方面能力打下坚实的基础。

先修课程：传感器原理及应用

学时数：理论学时 32，实验学时 8

教学大纲：

- 传感网基础

- 无线传感器网络体系结构

- Ad Hoc 网络

- 无线传感器网络通信协议

- 无线传感器网络关键技术（路由、定位、同步等）

- 无线传感器网络数据处理

- 工业无线传感网

- 无线传感网的部署

- 无线传感器网络应用（包含 6LoWPAN，工业无线网应用案例）

涵盖知识单元：

CL4　无线传感网

CL5　工业无线网络

CL6　车联网

ID9　群智感知

ID10　感知系统部署

（3）定位技术与位置服务

课程目的： 通过本课程的学习，让学生掌握物联网所需的各种定位原理、方法与技术，熟悉主流 GIS 系统及其使用方法，能根据具体应用场景和定位需求，设计有效的定位功能和工具，并提供位置有关的信息服务。

先修课程： 物联网通信技术

学时数： 理论学时 32

教学大纲：

- 定位方法分类

- 基于距离的定位原理（RSSI、TOA、TDOA）

- 基于角度的定位原理（AOA）

- GNSS（北斗、GPS）定位技术及应用

- 蜂窝通信定位技术及应用

- WiFi 定位技术及应用

- 蓝牙定位技术及应用

- RFID 定位技术及应用

- UWB 定位技术及应用

- WSN 定位技术及应用

- GIS 系统的位置应用

- 基于位置的服务推荐

- 基于位置的社会管理应用

涵盖知识单元：

CL7　定位技术与位置服务

（4）5G+ 物联网

课程目的： 通过本课程的学习，让学生掌握 5G 对物联网的支撑方案与技术，掌握用 5G 构建物联网系统、创新物联网应用的相关技术。

先修课程： 物联网导论、物联网通信技术

学时数： 理论学时 16

教学大纲：

- 5G 概述

- 5G 的关键技术及应用场景

- 基于移动宽带的物联网应用

- 基于超低延时的物联网应用

- 基于大规模机器通信和 D2D 的物联网应用

- 移动云与物联网应用支撑技术

● 移动边缘计算与物联网应用支撑技术

4.物联网计算与平台课程群

（1）云计算与边缘计算

课程目的：通过本课程的学习，使学生了解物联网计算模式及对计算平台的需求，熟悉典型并行计算机及其处理技术、分布式计算模式与环境，掌握云计算平台及工具的使用，掌握大数据处理平台与工具的使用，掌握并行与分布式程序设计方法，熟悉边缘计算、服务计算的主要实现技术，掌握云存储系统的组成与应用，能够为物联网设计满足性能需求的计算平台，能完成并行程序设计，实现物联网数据处理与服务的功能。

先修课程：程序设计，数据库系统

学时数：理论学时 32，实验学时 8

知识点：

● 物联网计算模式

● 并行计算

● 分布式计算

● 网络存储与云存储

● 云计算

● 大数据处理平台

● 边缘计算

● 服务计算

涵盖知识单元：

CP1　物联网计算模式

CP2　并行计算

CP3　分布式计算

CP4　云计算

CP5　大数据处理平台

CP6　边缘计算

CP7　服务计算

DI2　数据存储与管理

（2）嵌入式系统与智能硬件

课程目的：通过本课程的学习，让学生了解嵌入式系统的组成、典型应用模式及发展趋势，熟悉嵌入式系统的基本原理，掌握嵌入式程序设计方法，能够在嵌入式开发平台上结合物联网应用进行设计和开发。

先修课程：计算机组成与接口、程序设计、操作系统

学时数：理论学时 32，实验学时 8

教学大纲：

- 嵌入式系统概述
- 嵌入式处理器
- 嵌入式输入 / 输出系统
- 嵌入式处理器编程
- 嵌入式操作系统
- 嵌入式系统开发技术
- 嵌入式系统设计实例
- 智能硬件与设计概述

涵盖知识单元：

CP8　嵌入式计算

（3）智能硬件设计与实现

课程目的：通过本课程的学习，让学生了解利用 FPGA 或嵌入式系统设计一个具有基本功能的智能硬件的方法，并实际完成设计、调试。

先修课程：计算机组成与接口、程序设计、操作系统

学时数：理论学时 32，实验学时 8

教学大纲：

- FPGA 及硬件描述语言

- 物联网智能硬件的系统组成

- 智能硬件软件与通信协议设计

- 系统的软件化实现（FPGA 或嵌入式系统）

- 系统测试与完善

涵盖知识单元：

CP8　嵌入式计算

（4）物联网中间件

课程目的：通过本课程的学习，学生应充分了解物联网中间件的技术原理、运用方法、工程实践价值及其产业必要性，并能利用物联网中间件平台的互操作性强、服务整合全面、开发迅速、部署多样等特征进行物联网系统的设计、构建、集成和实施，快速构建符合多种智能化物联网场景需求的物联网系统。本课程有助于培养学生解决实际复杂问题的能力和工程技术实践能力。

先修课程：物联网导论、智能硬件设计与实现、云计算与边缘计算

学时数：理论学时 32，实验学时 8

教学大纲：

- 中间件的基本原理与概念

- 对象模型与组态设计

- 物联网通信协议集成与转换

- 异构设备连接管理与集成

- 设备实时监控与数据交互

- 中间件平台中的安全问题

- 中间件平台的分布式架构

- 人工智能与数据分析整合运用

涵盖知识单元：

CP3　分布式计算

CP6　边缘计算

5. 物联网智能与控制课程群

（1）物联网大数据

课程目的：通过本课程的学习，使学生了解物联网工程应用中的数据特征，以及数据处理与智能分析的基本过程，掌握快速、有效、准确地获得分析结果的主要工具和方法，并利用这些方法对典型物联网应用提出数据处理与智能分析的解决方案，进而为应用提供基于大数据分析的服务。

先修课程：物联网导论

学时数：理论学时 32，实验学时 8

教学大纲：

- 物联网数据特征与预处理

- R 简介

- 数据统计与分析的基本模型

- 数据挖掘基本概念

- 关联分析与频繁模式挖掘

- 分类与聚类分析

- 机器学习基本概念与方法

- 神经网络与深度学习

- 可视化分析基本概念

- 视图设计与交互设计

涵盖知识单元：

DI1　数据预处理与数据质量

DI3　数据统计与分析

DI4　数据挖掘

DI5　机器学习

DI6　数据可视化

（2）物联网控制

课程目的：通过本课程的学习，让学生了解物联网控制的需求与目标，了解自动控制理论与技术，熟悉计算机控制系统、分布式控制系统、网络控制系统、物联网控制系统的结构、技术、方法，掌握常用的控制算法，能够根据控制要求设计物联网控制系统。

先修课程：计算机组成与接口、计算机网络

学时数：理论学时32，实验学时8

教学大纲：

- 物联网控制的需求与目标

- 物联网控制系统的结构

- 自动控制理论与技术

- 计算机控制系统

- 分布式控制系统与现场总线技术

- 智能控制技术

- 网络控制系统

- 物联网控制系统设计

- 物联网控制系统实例

涵盖知识单元：

CT1　物联网控制的特征

CT2　自动控制原理与技术

CT3　计算机控制系统

CT4 分布式控制系统与现场总线

CT5 智能控制技术

CT6 网络控制技术

CT7 物联网控制系统设计与实例

（3）人工智能

课程目的：通过本课程的学习，学生应能够初步了解人工智能的基本原理、方法及应用技术，为运用这些技术和方法构建人工智能系统打下基础。

先修课程：物联网导论

学时数：理论学时32

教学大纲：

- 人工智能基础

- 知识表示

- 自动推理

- 不确定推理

- 机器学习

- 神经网络

- 专家系统

- 自然语言处理

- 分布式人工智能与智能体

- 互联网智能

- 类脑智能

涵盖知识单元：

DI4 数据挖掘

DI5 机器学习

（4）机器学习

课程目的：通过本课程的学习，使学生初步了解机器学习的基本概念、主要技术及其应用方法，为运用这些技术和方法进行物联网数据分析和处理打下基础。

先修课程：物联网导论

学时数：理论学时 48

教学大纲：

- 机器学习基本概念
- 线性模型
- 支持向量机
- 贝叶斯分类器
- 决策树
- 集成学习
- 特征选择与降维
- 模型的评估与选择
- 神经网络与深度学习
- 概率图模型
- 聚类
- 强化学习

涵盖知识单元：

DI5　机器学习

（5）数据挖掘

课程目的：通过本课程的学习，使学生初步了解数据挖掘的基本概念、主要技术及其应用方法，为运用这些技术和方法进行物联网数据分析和处理打下基础。

先修课程：物联网导论

学时数：理论学时 32

教学大纲：

- 数据对象与属性类型

- 数据预处理

- 数据仓库与联机分析处理

- 挖掘频繁模式、关联和相关性

- 分类分析

- 聚类分析

- 离群点分析

- 数据挖掘发展趋势和研究前沿

涵盖知识单元：

DI4　数据挖掘

（6）物联网智能计算系统

课程目的： 通过本课程的学习，使学生初步了解智能计算系统的架构、主要技术及其应用方法，为运用这些技术和方法进行物联网系统设计与实现打下基础。

先修课程： 物联网大数据、机器学习

学时数： 理论学时 32

教学大纲：

- 机器学习编程框架与编程语言

- 机器学习处理器结构与设计

- 分布式智能计算系统

- 智能计算系统软硬件协同优化

（7）智能机器人技术与应用

课程目的： 通过本课程的学习，让学生了解智能机器人的基本原理和应用，掌握智能机器人的环境感知、决策、规划、控制原理，了解机器人设计的基本原理，从而为物联网工程领域的具体应用提供解决思路和方法。

先修课程：计算机组成与接口、计算机网络

学时数：理论学时 32

教学大纲：

- 智能机器人的基本概念与典型应用

- 仿生机器人机械结构、动力学和控制原理

- 轮式机器人与履带式机器人的动力学和控制原理

- 机器人环境感知整体方案的规划

- 决策与规划

涵盖知识单元：

IC12　智能控制技术

IC13　网络控制技术

IC14　物联网控制系统设计与实例

6. 物联网安全与隐私课程群

（1）物联网信息安全

课程目的：通过本课程的学习，使学生掌握物联网安全和隐私的基本概念和原理，了解物联网面临的安全威胁，掌握常见的物联网安全技术和隐私保护机制，并能够进行基本的物联网安全项目的实施和应用，完成物联网安全管理和内容审计等工作。

先修课程：计算机网络、RFID 原理及应用

学时数：理论学时 32，实验学时 8

教学大纲：

- 物联网安全需求与特征

- 物联网安全体系

- 物联网安全基础

- 物联网感知安全

- 物联网传输安全

- 物联网数据安全

- 物联网隐私保护

- 物联网系统安全

- 区块链与物联网安全

涵盖知识单元：

SP1　物联网安全需求与特征

SP2　物联网安全体系

SP3　物联网安全基础

SP4　物联网感知安全

SP5　物联网传输安全

SP6　物联网数据安全

SP7　物联网隐私保护

SP8　物联网系统安全

SP9　区块链与物联网安全

（2）区块链技术及应用

课程目的： 通过本课程的学习，让学生了解区块链的概念、起源、发展及应用需求，理解和掌握区块链共识机制、激励机制、智能合约等基本原理和应用方法，掌握区块链中安全机制的设计思想，把密码工具应用到区块链系统中，分析与设计基于区块链技术的行业应用方案。

先修课程： 物联网信息安全

学时数： 理论学时 32，实验学时 8

教学大纲：

- 了解区块链的起源与发展

- 理解区块链的基本概念和特征

- 理解密码工具在区块链系统中的作用

- 掌握区块链的分布式共识机制

- 理解区块链中的服务激励机制

- 掌握区块链中的智能合约技术

- 掌握区块链在物联网中的实现原理

- 能够分析与设计基于区块链技术的行业应用方案

涵盖知识单元：

SP9　区块链与物联网安全

7. 物联网工程与应用课程群

（1）物联网系统设计与工程实施

课程目的： 通过本课程的学习，让学生掌握物联网工程设计与实施的方法学，能够综合应用物联网标识与感知、通信与定位、计算与平台、智能与控制、安全与隐私等知识领域的原理与技术，遵循工程规范，设计一个完整的物联网应用系统并付诸工程实施。

先修课程： 全部专业核心课程

学时数： 理论学时 32

教学大纲：

- 物联网工程设计概述

- 可行性研究（包括立项、投资回报分析）

- 需求分析

- 总体方案设计

- 详细设计（感知层、传输层、数据处理层、应用层的具体设计，以及各层物联网安全设计）

- 软件工程

- 应用软件设计

- 施工方案设计与工程实施

- 运行维护与管理

- 物联网工程案例

涵盖知识单元：

PD1　物联网工程设计方法

PD2　可行性研究与需求分析

PD3　网络工程与数据中心设计

PD4　应用系统设计、开发与部署

PD5　工程实施与工程管理

PD6　物联网工程测试与评价

PD7　系统运行维护与管理

PD8　物联网工程案例

（2）车联网技术及应用

课程目的：通过本课程的学习，让学生了解车联网关键技术，掌握车载总线技术、导航技术、车联网服务实现技术，了解自动驾驶等车联网的典型应用。

先修课程：计算机组成与接口、计算机网络

学时数：理论学时 32

教学大纲：

- 智能交通与车联网

- 车联网关键技术

- 车载总线技术

- 车载设备与导航系统

- 车载有线网络与无线网络架构

- 自动驾驶

- 车载多媒体系统

- 运营服务系统

（3）工业互联网及应用

课程目的：通过本课程的学习，使学生初步了解工业互联网的基本概念、关键技术及其应用方法，了解工业系统与高级计算、分析、传感技术及互联网的融合方法，为运用这些技术和方法构建工业互联网打下基础。

先修课程：计算机网络、物联网通信技术、物联网信息安全

学时数：理论学时 16

教学大纲：

- 工业互联网的基本概念

- 工业互联网的体系结构

- 工业互联网的感知技术

- 工业互联网的通信技术

- 工业互联网的平台技术

- 工业大数据的处理技术

- 工业互联网应用案例

物联网工程专业实践教学体系

7.1 实践教学体系框架

在物联网工程专业的教学中，应既重视理论传授又重视实践引导，理论教学与实践教学应并举并重、相互结合。实践环节不是零散的教学单元，而是要根据物联网工程专业的特点，从培养学生的创新意识、工程意识、工程兴趣、工程能力或者社会实践能力出发，对包括专业核心课程实验、专业综合课程设计、专业实习实训、毕业设计、创新创业活动五大类实践性教学环节进行整体、系统的优化设计，明确各实践教学环节在专业总体培养目标中的作用，将基础教育阶段和专业教育阶段的实践教学有机衔接起来，使实践能力的训练构成一个体系，并与理论课程有机结合，贯穿于人才培养的全过程。

在理论指导下的实践教学中，要有意识地大力推进创新创业能力的培养。创新创业能力不是教出来的，而是在实践和探索中培养出来的。在培养过程中，需要设计一些带有开放性的实验或设计题目，这种类型的题目既可以引导学生进行较深入的研究，也能够较好地适应一个班级不同学生的不同训练要求。

7.2 专业核心课程实验

7.2.1 课程实验设置

课程实验是针对课程内容相关知识点设置的实践教学活动，是课程教学的重要组成部分，对加深理论知识的理解、弥补课堂教学的不足具有积极的促进作用。

一般来说，课程实验是侧重于课程中某一局部内容所开展的实践性教学过程，其目的是进一步巩固和加深对有关知识、方法的理解，发现存在的错误认识，启发学生对所学知识进行深入思考、创新，并在此基础上培养学生分析问题及运用所学知识解决实际问题的能力，达到理论联系实际的教学效果。

核心课程实验分为课内实验和独立实验课程两种，其共同特征是对应于某一门核心理论课设置。

第一种是理论课内含有的实验，称为课内实验。通常在课程的总教学学时中划出一部分作为课内实验的学时，通过实验使学生更好地掌握理论课上讲授的内容。

第二种是与课程对应的独立实验课程。通常，为了强调实验环节的独立性、综合性，强化实验教学的效果，会针对某一门课程单独设立实验课程。这种实验课程里的实验要求的时间较长，且复杂度更高。各办学单位可以根据设定的物联网工程专业人才培养目标，结合科研特色和区域产业需求，针对某些核心课程设计独立实验课程。

在选取专业核心课程实验时，应遵循两个基本原则：

1）针对专业的核心必修课程开设。

2）选取的专业核心必修课程应该包含较丰富的实验内容。

接下来，我们对本规范设计的"物联网导论""RFID原理及应用""传感器原理及应用""物联网通信技术""传感网原理及应用""云计算与边缘计算""嵌入式系统与智能硬件""物联网大数据""物联网信息安全""物联网控制""物联网系统设计与工程实施"这11门专业核心必修课程的实验课程设计进行介绍。

1）"物联网导论"作为概论课程，主要目标是介绍物联网的基本概念、概括专业核心课程的基础知识，让学生了解专业的概貌。为避免与后续核心课程的实验内容重复，建议这门课程以课堂教学为主，原则上不设置课程实验。但各学校可根据实际教学需求，特别是仅仅开设"物联网导论"课程的其他专业或方向，可以设置相关实验配合导论课程教学。

2）"物联网系统设计与工程实施"是综合性和实践性很强的课程，单纯依靠涵盖单一知识点的课程实验是难以满足教学要求的，所以应通过设置专业综合课程设计——"物联网应用系统综合课程设计"支撑，因而不再专门设置课程实验。

3）"嵌入式系统与智能硬件""云计算与边缘计算"等课程分别对应物联网的感知层硬件和数据处理层，都是物联网产品或应用系统的重要组成部分。如果离开物联网产品或系统设计独立课程实验，会与其他专业开设的同类课程相同，不能很好地体现物联网特色，而且会造成独立的课程实验过多而难以实施，因此本规范建议不再专门为其设置独立的课程实验，而是通过设置专业综合课程设计——"物联网智能终端综合课程设计"和"物联网应用系统综合课程设计"来支撑。

根据上述分析，建议开设独立实验课程的专业核心课程包括"传感器原理及应用""RFID原理及应用""物联网通信技术""传感器网络原理及应用""物联网大数据""物联网控制""物联网信息安全"。

7.2.2 指导思想

课程实验的指导思想是紧密结合理论教学内容，以帮助学生加深对理论教学内容的理解、培养学生的实践能力和创新能力为目标，设计一组难度适中的实验题目。

围绕一门课程的主要知识点的实验通常由若干个实验组成，每个实验针对的是某些知识点或某一类问题的求解方法。根据课程实验的性质，通常可以将实验分为验证性实验、设计性实验和综合性实验。但是，课程实验中的综合性实验不同于综合课程设计，它一般是某门课程中关联多个知识点的实验。

从对知识点实验的要求来看，验证性实验通常是通过实验来验证有关知识点，而设计性实验则是运用有关知识和方法求解特定的问题。对本科层次的学生，应该将设计性实验作为实验的主要内容。

7.2.3　教学内容

课程实验的设计要遵循两个原则：一是要围绕课程教学展开，帮助学生更好地掌握课程教学中介绍的理论、方法和技术；二是要结合学生学习、掌握课程知识和能力的规律、教师课程教学的规律，强调形成统一、完整的课程实验体系，按体系循序渐进。

本规范提出，针对每一门专业核心课程的教学内容，都列出由下至上、由基础到专业、由简单到复杂的课程内容组织体系，循序渐进地开展基本认知、基本技术、设计综合三个层次的教学。课程实验的设计也按照课程教学的这个层次安排认知实验、验证实验、设计/综合实验同步展开。

1. 认知实验

课程教学的主要目的是介绍基本概念、基本系统的组成和工作原理，应与课程教学同步开展关于基本系统组成和应用的课程实验，使学生对于课程将要面向的技术对象和应用对象有一个概念性的、实感上的认知。在此基础上，课程教学再进一步阐述其基本理论和技术基础。接着，结合物联网典型应用案例的讲解、实验演示和实验操作，让学生了解课程理论和技术在应用系统中所处的位置和所起的作用，为后续理论和技术的深入学习打好基础。

2. 验证实验

学生应带着应用问题学习基本理论和技术，形成应用空间、问题空间和知识空间的统一。同时，物联网强调应用，课程教学要针对如何提高应用性能、如何降低应用成本、如何按照一定的方法论进行应用实施等方面，系统地介绍运用理论和技术进行应用系统设计和实施的方法。通过仿真的实验环境，或真实的应用环境，让学生了解各种应用问题，在实验中运用基本理论和技术解决问题，从而锻炼学生解决应用工程问题的能力。

3. 设计 / 综合实验

为了巩固课程学习成果，进一步锻炼学生综合运用理论和技术解决实际问题的能力，应设计综合性的课程实验，让学生进行应用系统软 / 硬件的设计和开发。不同类型的人才需要强调不同方面的能力。对于工程型和应用型人才，应强调"设计形态"的内容，主要是在提供的实验软 / 硬件基础上，进行应用系统的设计、开发和应用测试；对于研究型人才，应强调"理论形态"的内容，需要强化计算思维能力和软 / 硬件设计能力的培养，除了进行应用系统方面的实验外，还要进行相关软 / 硬件原型系统或装置的研究、设计、开发和测试。

按照上述层次体系递阶、同步地展开课程教学和课程实验具有以下优势：

1）使教师和学生能从总体上把握课程的知识体系、内容之间的前后顺序关系和逻辑关系，形成"大局观"，有助于提高课程的教学和学习效果。

2）认知实验、验证实验、设计 / 综合实验这一体系是围绕"应用"这一主线展开的，这与物联网强调应用是完全吻合的。

3）可以更清晰地安排"物联网导论"与其他专业核心课程之间的内容衔接。认知实验可以在"物联网导论"课程中进行，验证实验、设计 / 综合实验可以在后续的专业课程中进行。

7.2.4 基本要求

对于每门核心课程实验，均按认知实验、验证实验、设计 / 综合实验三个层次递阶展开实验教学方案。本规范给出了核心课程实验的基本内容要求，以及每门课程的实验教学大纲。

1. 传感器原理及应用

"传感器原理及应用"课程实验在内容上包括传感器的核心知识点，使学生通过实验，掌握传感器构成、系统的工作原理和设计方法，以及典型传感器的应用方法。"传感器原理及应用"课程实验教学按认知实验、验证实验、设计 \ 综合实验三个层次递阶展开，具体内容如图 7-1 所示。

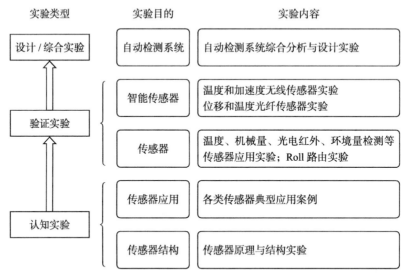

图 7-1 "传感器原理及应用"课程实验教学方案

认知实验通过搭建单一传感器节点构成的基本系统，进行温度传感等应用实验，使学生对传感器的基本系统构件及应用系统建立直观的认识。建议在课外进行认知实验，通过参观、视频等方式了解各类传感器及其典型应用。

验证实验主要进行温度检测、机械量检测、光电红外检测、数字式位置检测、环境量检测等传感器应用的实验，使学生掌握各类传感器的应用技术。通过温度和加速度无线传感器实验、位移和温度光纤传感器实验，使学生掌握无线传感器和光纤传感器等智能传感器的工作原理、结构、组网方式和应用技术。

设计/综合实验要求学生综合运用在课程中学习到的理论和技术，动手设计基本的自动检测系统，包括温度传感应用系统、加速度传感应用系统、成像传感应用系统、光纤位移传感应用系统等。

各学校可以根据自身特点，自行选择在课内或课外开设如上实验。

2. RFID 原理及应用

"RFID 原理及应用"课程实验包括物品编码、条形码、RFID 等核心知识点。

学生通过实验，应熟悉 RFID 应用系统的基本组成，掌握 RFID 标签、读写器、中间件等的原理、结构和设计方法，能够完成 RFID 应用系统的设计、现场实施、系统性能测试与评估。"RFID 原理及应用"课程实验教学按认知实验、验证实验、设计/综合实验三个层次递阶展开，具体内容如图 7-2 所示。

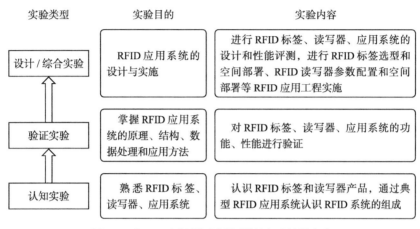

实验类型	实验目的	实验内容
设计/综合实验	RFID 应用系统的设计与实施	进行 RFID 标签、读写器、应用系统的设计和性能评测，进行 RFID 标签选型和空间部署、RFID 读写器参数配置和空间部署等 RFID 应用工程实施
验证实验	掌握 RFID 应用系统的原理、结构、数据处理和应用方法	对 RFID 标签、读写器、应用系统的功能、性能进行验证
认知实验	熟悉 RFID 标签、读写器、应用系统	认识 RFID 标签和读写器产品，通过典型 RFID 应用系统认识 RFID 系统的组成

图 7-2 "RFID 原理及应用"课程实验教学方案

认知实验的目的是通过搭建 RFID 应用系统，使学生对 RFID 标签、读写器、中间件等 RFID 基本系统构件，以及 RFID 应用系统建立直观的认识。在此基础上，播放有关 RFID 工作原理、典型应用案例的录像，使学生初步了解 RFID 的工作原理以及 RFID 技术的应用价值，并通过案例使学生建立起对 RFID 应用系统的总体认识。认知实验建议在课外进行，通过参观、视频等方式了解 RFID 系统及其典型应用。

验证实验的目的是利用 RFID 标签实物、读写器实验箱等进行实验，加深学生对 RFID 单元化技术和防冲突原理的理解。结合 RFID 公共服务平台系统的实验，学习 RFID 安全与隐私、RFID 公共服务体系设计、RFID 网络化应用等 RFID 系统技术。

设计/综合实验的目的是通过 RFID 标签天线设计仿真平台、制作箱、选型系统、空间部署系统、性能测试仪，以及 RFID 读写器设计套件、参数配置系统等 RFID 应用工程技术、平台和工具，进行 RFID 标签和读写器设计，完成复杂 RFID 应用系统的设计、现场实施、系统性能测试与评估。

各学校可以根据自身特点，自行选择在课内开设或在课外开设如上实验。

3. 传感网原理及应用

"传感网原理及应用"课程实验包括传感网的核心知识点，学生通过实验应掌握传感网的通信协议、关键技术和设计方法。"传感网原理及应用"课程实验教学按认知实验、验证实验、设计 / 综合实验三个层次递阶展开，具体内容如图 7-3 所示。

图 7-3 "传感网原理及应用"课程实验教学方案

认知实验的目的是通过搭建传感网基本系统，使学生对传感器节点、网关等传感网基本系统构件，以及传感网应用系统建立直观的认识。在此基础上，播放有关传感网工作原理、典型应用案例的录像，使学生初步了解传感网的工作原理以及传感网技术的应用价值，并通过案例使学生建立起对传感网应用系统的总体认识。认知实验建议在课外进行，通过参观、视频等方式了解传感网系统及其典型应用。

验证实验主要包括传感网 MAC、路由、传输、应用等各层通信协议以及传感网时间同步、节点定位等关键技术的实验。学生可通过传感网实验箱、软件仿真工具进行 MAC 协议、路由、时间同步的实验，加深对传感网通信协议设计、关键技术原理的理解，提高设计及运用传感网系统的技能。

设计 / 综合实验要求学生综合运用课程中学习的理论和技术，动手设计可用于环境监测、精准农业等领域的传感网应用系统。应用系统以实验套件为基础，应具有感知、传输、数据处理和发布等功能。

各学校可以根据自身特点，自行选择在课内或在课外开设如上实验。

4. 物联网通信技术

"物联网通信技术"课程包括通信基本原理、无线通信技术、通信网络、终端通信四部分内容，"物联网通信技术"课程实验应涵盖这些核心知识点。"物联网通信技术"课程实验教学按认知实验、验证技术、设计 / 综合实验三个层次递阶展开，具体内容如图 7-4 所示。

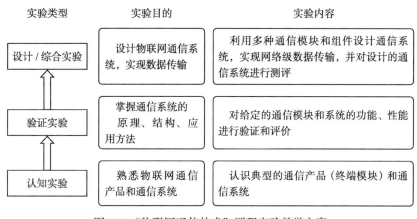

图 7-4 "物联网通信技术"课程实验教学方案

认知实验的目的是通过参观、视频等方式，让学生直观地了解带宽与质量的关系、无线发送与接收的过程，了解通信模块、组件与通信系统的结构与组成。

验证实验的目的是利用给定的 WiFi、ZigBee 等实验系统、GPRS/3G/4G 通信平台、NB-IoT/LoRa、PS 通信平台，掌握数据传输过程，通过实验套件实现数据收发，并为通信系统设置不同的参数，对其功能、性能进行评价。

设计 / 综合实验要求学生综合运用在课程中学到的理论和技术，通过实验装置提供的套件，动手设计小型的通信系统（如基于 GPRS/4G 的通信系统、NB-IoT/LoRa/SigFox/eMTC 通信系统、GPS 通信系统、基于 ZigBee 的通信系统等），在其上实现一个简单的应用，并对所设计的通信系统进行测评。

各学校可以根据自身特点，自行选择在课内或在课外开设如上实验。

5. 物联网大数据

"物联网大数据"课程实验以物联网作为主要应用背景，实现数据的采集、处理、分析和知识获取，以及面向领域的智能服务，使学生对物联网应用中的数据特征、数据挖掘和数据分析的理论、概念、技术和方法有深入的认识和了解；掌握利用数据挖掘和机器学习的技术、方法，围绕物联网实际应用进行综合性系统的设计与开发；了解面向物联网的数据科学领域的热点问题、研究现状及未来的发展方向。

课程实验教学按认知、验证、设计 / 综合实践三个层次递阶展开，具体内容如图 7-5 所示。

认知实验的目的是了解物联网数据的来源和特点，建议在课外进行。在学习"传感器原理及应用""RFID 原理及应用"等课程的基础上，辅以视频等资料来完成，重点了解物联网的数据实时采集过程和数据特点。

验证实验的目的是了解在物联网不同层次中的数据处理方法和基本工具，达到对具体应用系统中的特定对象数据进行分析和处理的目标。主要内容包括数据统计与分析、数据挖掘与机器学习、可视化与交互设计等。

设计 / 综合实验的目的是依托具体的应用系统，掌握并运用基本工具完成对物联网环境中海量数据的完整处理过程，可以结合物联网项目研发平台模拟搭建物联网应用环境，提出数据处理解决方案，对平台上的各类数据进行分析，最终实现面向应用的服务。

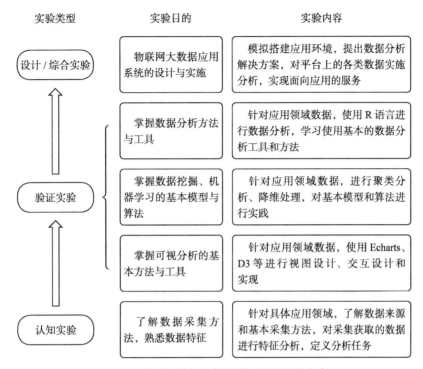

| 实验类型 | 实验目的 | 实验内容 |

设计/综合实验 ← 物联网大数据应用系统的设计与实施 | 模拟搭建应用环境，提出数据分析解决方案，对平台上的各类数据实施分析，实现面向应用的服务

掌握数据分析方法与工具 | 针对应用领域数据，使用 R 语言进行数据分析，学习使用基本的数据分析工具和方法

验证实验 掌握数据挖掘、机器学习的基本模型与算法 | 针对应用领域数据，进行聚类分析、降维处理，对基本模型和算法进行实践

掌握可视分析的基本方法与工具 | 针对应用领域数据，使用 Echarts、D3 等进行视图设计、交互设计和实现

认知实验 ← 了解数据采集方法，熟悉数据特征 | 针对具体应用领域，了解数据来源和基本采集方法，对采集获取的数据进行特征分析，定义分析任务

图 7-5　物联网数据大数据课程实验教学方案

各学校可以根据自身特点，自行选择在课内或在课外开设如上实验。

6. 物联网控制

"物联网控制"课程包括自动控制技术、计算机控制系统、分布式控制系统、智能控制系统的基本知识。各个学校应针对物联网控制的需求与特征，利用现有成熟的控制技术和方案，按照实验室与设备的实际情况，进行课程内容相关的物联网控制实验。课程实验教学按认知实验、验证实验、设计/综合实验三个层次递阶展开。具体内容如图 7-6 所示。

认知实验建议在课外进行，通过参观、视频等方式了解物联网控制系统的结构和各个组成部分及其控制过程。

验证实验可采用虚实结合的方式进行。有条件的学校可以利用实际控制系统，没有实际控制系统的学校可以利用虚拟仿真系统，让学生操作、修改控制参数，观察与评价控制性能与控制效果。

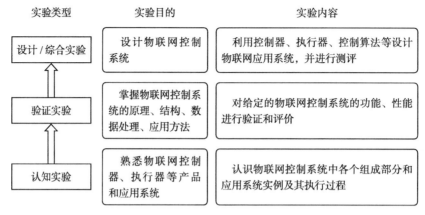

图 7-6 "物联网控制技术"课程实验教学方案

在设计 / 综合实验环节，各个学校可以根据自身特点，选择不同的应用场景，利用控制器、执行器、控制方法等设计若干个从简到繁的控制系统，并对设计的控制系统进行性能与控制效果的评价。

7. 物联网信息安全

"物联网信息安全"课程实验的目标是让学生了解物联网信息安全的目标和特征，规划物联网信息安全架构，掌握物联网信息安全技术，设计和实现物联网信息安全应用系统。

该课程的实验教学按认知实验、验证实验和设计 / 综合实验三个层次递阶展开。具体内容如图 7-7 所示。

在认知实验环节，学生可通过参观、观看网络视频、教师演示等方式了解物联网信息安全系统的特征及架构，熟悉身份认证、访问控制、病毒查杀、网络防火墙等常用信息安全技术与设备的功能、特点和性能指标等。

验证实验主要在实验室由教师指导学生完成。验证实验包括如下四个部分：① RFID 和二维码安全实验（如 RFID 和安全二维码扫码实验）；②物联网终端接入的安全认证实验（如 PKI 身份认证和基于角色的访问控制实验）；③物联网数据传输的安全保密实验（如 DES、AES、RSA 算法实验和基于 MD5 的数字签名实验，可以选择其中的 2 ～ 3 个算法进行实验；④物联网应用的位置隐私保护实验（包括 K- 匿名位置隐私保护实验、差分隐私数据保护实验，可以选择其中 1 ～ 2 个进行实验）。

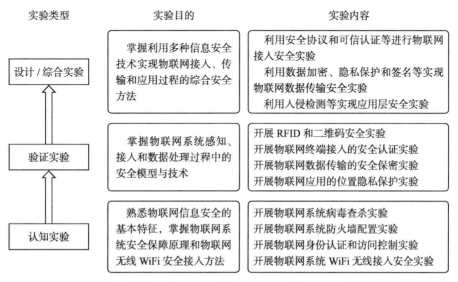

实验类型　　　　　实验目的　　　　　　　实验内容

| 设计 / 综合实验 | 掌握利用多种信息安全技术实现物联网接入、传输和应用过程的综合安全方法 | 利用安全协议和可信认证等进行物联网接入安全实验　利用数据加密、隐私保护和签名等实现物联网数据传输安全实验　利用入侵检测等实现应用层安全实验 |

| 验证实验 | 掌握物联网系统感知、接入和数据处理过程中的安全模型与技术 | 开展 RFID 和二维码安全实验　开展物联网终端接入的安全认证实验　开展物联网数据传输的安全保密实验　开展物联网应用的位置隐私保护实验 |

| 认知实验 | 熟悉物联网信息安全的基本特征，掌握物联网系统安全保障原理和物联网无线 WiFi 安全接入方法 | 开展物联网系统病毒查杀实验　开展物联网系统防火墙配置实验　开展物联网身份认证和访问控制实验　开展物联网系统 WiFi 无线接入安全实验 |

图 7-7 "物联网信息安全"课程实验教学方案

设计 / 综合实验应围绕物联网应用系统服务过程的安全问题进行设计，包括物联网系统感知层接入安全实验（综合利用安全传输协议、可信身份认证和访问控制等技术）、数据层安全传输实验（综合利用数据加密、K- 匿名、同态加密和签名等技术）和应用层安全实验（综合利用 DDoS、防火墙、入侵检测等技术）等模块，实际执行过程中可选择其中两个模块。

各学校可以根据自身特点，自行选择在课内或在课外开设上述实验。

7.2.5　实验报告

实验报告是学生完成一次实验后所做的简要说明和小结。撰写实验报告有助于提高学生分析问题和解决综合问题的能力，并且有助于进行科研论文或研究报告规范写作的初步训练。为此，在每次实验结束后，学生必须及时整理实验记录，按照要求的格式和内容写出实验报告。

实验报告一般应该包括以下内容：

1）**实验目的**：参见实验指导书和教师给出的实验目的。

2）**实验要求**：参见实验指导书和教师给出的实验基本要求。

3）**实验设备或环境**：完成实验所需要的软件、硬件环境。

4）**实验内容**：实验任务的具体描述。

5）**实验步骤**：实验中的设计、操作、调试步骤。

6）**实验结果记录、实验过程总结及实验结果分析。**

建议实验报告的格式与内容如图 7-8 所示。

课程实验报告

课程名称		班级		实验日期	
姓名		学号		实验成绩	
实验名称	(给出本次实验的题目)				
实验目的及要求	(给出本次实验所涉及并要求掌握的知识点)				
实验环境	(列出本次实验所使用的平台和相关软件)				
实验内容	(给出实验内容具体描述)				
算法描述及实验步骤	(用适当的形式表达算法设计思想与算法实现步骤)				
调试过程及实验结果	(详细记录在调试过程中出现的问题及解决方法，记录实验执行的结果)				
总结	(对实验结果进行分析，问题回答，实验心得体会及改进意见)				
附录	(源程序清单等)				

图 7-8　课程实验报告模板

7.3　专业综合课程设计

7.3.1　性质

综合课程设计是将与多门课程相关的实验内容结合在一起，形成具有综合性和设计性特点的实验。课程设计可以是以一门课程为主，也可以是多门课程的综合。综合课程设计一般为单独设置的课程，其中课堂讲授仅占用很少的学时，大部分课时用于实验过程。

物联网是现代信息技术发展到一定阶段后出现的一种聚合性应用与技术提升，它将各种感知技术、现代网络技术和人工智能、自动化技术进行了聚合与集成。虽然在专业核心课程中已经包含了比较多的课程实验内容，但是这些实验都是针对某一知识领域的课程设计的，并没有体现出物联网技术和应用发展的聚合与集成趋势，不能系统地培养学生综合运用多领域知识解决实际问题的能力，也不能激发学生学习知识的主动性和创造性。

另一方面，物联网技术和产业目前还处在萌芽和发展初期，物联网学科建设才刚刚开始，其内涵和外延将会不断变化，内容将不断丰富。由于教学计划、课程和实践体系受到时间、空间与办学条件等多种因素的制约，因此不能单纯依靠增加课程科目和教学内容的数量来跟上物联网学科的发展步伐，通过综合或者精选反映整个学科的重要的基础知识来保持专业教育的稳定性和连续性是一个有效途径。设置物联网综合课程设计可以解决这些问题。

同时，对于物联网工程专业的某些核心课程，也需要安排时间跨度更长、具有更强综合性和设计性的课程设计，引导学生迈出将所学的知识用于解决实际问题的第一步。

7.3.2　指导思想

专业基础课程、专业课程和绝大多数选修课程都是面向某一知识领域的专门课程。相应的课程实验往往是在考虑各个领域之间的相互关系的基础上，按照某一类专门知识将若干知识点进行切分的思路来设置的。这种设置课程实验的思路考虑到了各个领域的独立性和相互联系，各门课程和实验的教学内容组织形成了各自的逻辑体系。但是，这种思路并没有把学科各专业领域之间的内在、本质联系放在突出的地位，存在一定的局限性。

为了在整个教育体系中突出综合能力和专业素质的培养，尤其应该注重综合课程和综合课程设计的设置问题。开设综合课程和综合课程设计不仅能使学生对学科技术及其发展有比较全面的认识，而且能了解一些新的领域或跨学科的知识以及各个学科之间的联系，让学生具备学科整体的观念，并认识各专业领域的本质和各专业技术之间的联系、制约，有利于学生的个性化培养和综合能力的提高。综合课程设计的教学和实验内容的伸缩性、灵活性也比较大，可以避免知识的重复和割裂，提高实践能力培养的力度。

7.3.3 综合课程设计的设置

在进行专业综合课程设计的设置时，本规范遵循两个原则。

1. 培养对物联网各层技术的贯通理解和集成应用能力

物联网一般包含感知层、传输层和处理层，以及建立在此基础之上的各类物联网应用。感知层主要承担标识和信息的采集工作；传输层承担各类设备的网络接入以及信息的传输工作；处理层完成信息的分析处理和决策，以及实现或完成特定的智能化应用和服务任务，从而实现物与物、人与物之间的识别与感知，发挥智能作用。物联网各层之间是有递进的关联关系的，如果独立设置物联网感知、物联网传输、物联网数据处理等课程设计，难以体现物联网各层技术之间的贯通和集成应用。感知层、传输层和处理层都是物联网产品和应用系统的组成部分，通过设置物联网产品开发和物联网应用系统设计方面的综合课程设计，可以使学生从系统的角度更深刻、全面地理解和掌握物联网各层的技术，以及各层技术之间的关联关系，体现综合性和系统性。

2. 培养对于物联网产品和应用系统的主流架构、工作模式、开发方法的理解和应用能力

随着物联网的快速发展和应用普及，针对物联网应用的开发和运行平台不断

推出，并进一步推动物联网平台的 PaaS（平台即服务）的发展。针对物联网的平台云抽象了物联网感知系统的硬件，使得针对物联网感知系统的开发、处理和控制变得更加容易，并且可以进一步优化物联网平台在云端的伸缩性，提高物联网服务的性能。"云＋端"模式已经成为物联网应用系统运行的基本工作模式，如图 7-9 所示。

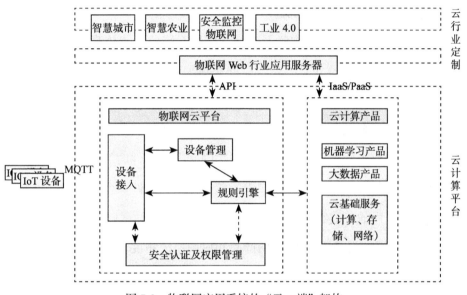

图 7-9　物联网应用系统的"云＋端"架构

其中，物联网云平台主要包含四大组件。

1）**设备接入**：其中包含多种设备接入协议（最主流的是 MQTT 协议）和并发连接管理（可能是数十亿设备的长连接管理）。

2）**设备管理**：一般以树形结构的方式管理设备，涉及设备创建管理以及设备状态管理等功能。根节点以产品开始，然后是设备组，再到具体设备。主要包含产品注册及管理、产品相关的设备"增删改查"管理、设备消息发布几个部分。

3）**规则引擎**：物联网云平台通常是基于现有云计算平台搭建的。一个物联网的成熟业务除了要用到物联网云平台提供的功能外，还要用到云计算平台提供的功能，比如云主机、云数据库等，用户可以在云主机上搭建 Web 行业应用服务。规则引擎的主要作用是把物联网平台数据通过过滤转发到其他云计算产品上，一般是使用类 SQL 语言，用户可以完成过滤数据、处理数据的工作，并把数据发送给其他云计算产品，或者其他云计算服务。

4）**安全认证及权限管理**：物联网云平台为每个设备颁发唯一的证书，设备只有通过安全认证后才能接入到云平台。

"云＋端"架构已经成为物联网产品和应用系统的基本体现形式。应该通过设置物联网系统综合课程设计，使学生熟悉典型物联网平台的架构、开发方法，掌握基于典型物联网平台进行"云＋端"架构的物联网系统设计、开发、部署和应用的技能。通过典型的综合性实验，培养学生对物联网软件、硬件、云和大数据支撑的物联网服务的"云＋端"架构的物联网智能硬件的综合设计能力和动手能力，使学生更加深入地理解理论知识，掌握基于物联网平台进行物联网系统设计的方法，为以后的各类物联网应用系统设计打下坚实的基础。

按照上述原则，本规范从物联网产品和应用系统角度，设计了"物联网智能终端综合课程设计"和"物联网应用系统综合课程设计"两个综合课程设计，并分别给出了课程设计示例。

7.3.4　基本要求

1. 物联网智能终端综合课程设计

"物联网智能终端综合课程设计"的目的是通过物联网智能硬件产品、物联网应用系统的设计和开发实践，使学生掌握物联网感知技术的集成应用方法和嵌入式系统、FPGA 等智能硬件的开发方法，以及物联网软件、硬件、云和大数据支撑的物联网服务的"云＋端"架构的物联网产品和应用系统的开发方法。本规范给出四个示例，需要注意的是，各学校可以根据培养目标和实验条件进行选择，也可以参照给出的四个示例设计其他内容和难度相当的综合课程设计。

示例 1：基于嵌入式系统的物联网终端

（1）概述

嵌入式系统在物联网应用中无处不在，物联网系统各层次的个体实现都离不开嵌入式技术，如智能传感器、网关、智能终端等，嵌入式技术已经成为物联网发展的基础。

"基于嵌入式系统的物联网终端"综合课程设计要求学生掌握有关嵌入式处理器、嵌入式操作系统和通信接口的基础知识，掌握使用嵌入式处理器以及嵌入式操作系统构成应用系统的方法。通过典型的综合性实验，培养学生在软/硬件以及相关应用方面的综合设计能力和动手能力，使学生深入理解理论知识，掌握嵌入式系统基本的设计和开发方法，为以后设计各类嵌入式系统打下坚实的基础。

（2）目的和要求

● 目的

"基于嵌入式系统的物联网终端"综合课程设计是物联网工程专业学生的集中实践环节之一，目的是要求学生利用所学的嵌入式处理器、嵌入式操作系统和通信接口的基础知识，结合物联网系统中某一特定功能的终端或装置，设计一个简单的嵌入式系统来实现终端或装置的功能，培养和提高学生应用理论知识进行工程应用的能力。通过综合课程设计，学生可以深入了解嵌入式系统的原理，熟悉嵌入式控制系统的开发流程和开发方法，为以后开发物联网系统中各类嵌入式终端或装置奠定基础。

● 要求

1）在开始课程设计前，学生要了解和熟悉嵌入式处理器的工作原理，掌握典型的嵌入式系统软/硬件的设计与实现方法，掌握相关的计算机辅助设计工具，了解和掌握部分嵌入式系统的调试技巧。

2）按照课程设计任务书的要求，完成各项设计任务，并认真完成实验报告。

实验报告应对实验的基本步骤、现象、运行结果进行描述和分析。

3）使用设备前先进行必要的测试，实验过程中应注意设备的使用规范。

4）小组成员之间应相互协助、配合。

（3）选题举例

"基于嵌入式系统的物联网终端"综合课程设计可设置多组实验题目，每个题目均设有基本要求和高级要求，每个实验小组任选一题完成，所有小组必须完成基本要求部分。下面是综合课程设计的选题举例。

题目1 远程温度信息监测系统

本课程设计的目的是进行包括微处理器的通信接口、A/D 转换器接口、嵌入式 Linux 操作系统、多任务实时程序设计、I/O 设备驱动程序设计等在内的应用系统设计实践。

温度信息采集是典型的模拟信号实时进入计算机系统的数字化过程，物联网中存在着大量对模拟传感信号的接入和感知处理。对温度信号进行远程采集时，主要经过前端对温度信息的获取与 A/D 采样、数字滤波、存储与转发几个步骤。实验系统模拟对远程冷库的温度监测，由温度传感模块（有模拟电压接口和串行接口可选）、基于微控制器的实验开发板（具有 A/D 接口、串行接口及 Linux 操作系统）、PC 组成。实验开发板和 PC 之间采用以太网（TCP/IP）接口连接。

● 基本要求

采用串行接口的温度传感模块和实验开发板实现对温度的采集，将温度信息经以太网实时传送到 PC 上，在 PC 上通过应用程序记录并以图形化方式显示温度的变化曲线，并可向实验开发板发送温度过限警报信息，实验开发板将警报信息以灯光形式和本地显示屏方式呈现。

● 高级要求

设计微控制器上 A/D 转换器在 Linux 下的驱动程序。利用微控制器上的 A/D 转换器采集温度模拟信号，并进行数字滤波处理。

题目 2　网络门禁系统

通过网络环境将多种低成本嵌入式设备互联在一起，可以产生多种新的应用。在本课程设计中，将多种以太网接入的门禁识别设备（包括门禁控制器、身份识别装置、电子门锁等），通过互联网汇集到控制计算机，控制计算机根据系统设计的门禁规则执行门禁系统的运行。

用户（被感知对象，包括人和物流等）通过身份识别设备向嵌入式门禁系统发出开门请求，管理员（控制计算机）负责控制各个嵌入式门禁系统的开门权限（业务流程）。

嵌入式身份识别装置包括低频 RFID 读写器（近距离）、高频 RFID 读写器、超高频 RFID 读写器（远距离）等。电子门锁 / 栅栏由读写器上的 I/O 端口驱动（指示灯模拟），包括位信息输入等。

系统设计的内容包括：开门请求的识别与处理、门的长开报警、权限管理、信息的记录与查询、紧急（异常）情况处理、安全管理。

- 基本要求

采用具有以太网接口的 RFID 读写器开发模块（ARM Cortex-M3）和厂商提供的网络协议栈源代码（支持地址解析协议、IP 协议、TCP 协议和 UDP 协议），实现以下功能：①多个嵌入式门禁设备和控制计算机的互联，②对不同响应（读写）距离 RFID 读写器的闭环控制逻辑，③实现小组自行设计的模拟业务 / 工艺控制流程，④有紧急情况处理机制。

- 高级要求

在系统中设计信息安全管理机制，传输网络数据时需对用户身份进行加密处理。

题目 3　低功耗无线传感网络系统

本课程设计的目标是设计一个电池供电且支持多种无线传输的传感网络系统。无线传感网络系统的终端节点不少于 3 个。每个节点需采用电池供电，可以使用纽扣电池、干电池或者可充电电池。节点在获取温湿度或光照度等传感器数据后，通过 WiFi、蓝牙、ZigBee、sub-1G 等无线方式进行组网和通信。可考虑采用 TI 的 SimpleLink 产品系列，该系列产品可以提供超低功耗的性能，单芯片支持多种无线通信，可自由切换通信方式和组网。

- 基本要求

采用电池供电。选择一种数字输出的传感器，微控制器通过 IIC/SPI 等接口直接读取数值，然后将数据通过某种无线方式传输到主机，在主机上实时显示各传感器节点的基本信息。

- 高级要求

为每个传感器节点增加测量电池电量的功能，显示电池电量，通过算法或实验估算系统的剩余工作时间。电量不足时，提醒用户更换电池。每个节点支持多种无线通信。例如，同时支持一远一近两种无线通信方式，近距离的通信方式（WiFi 或蓝牙）可用于手机近端维护和配置操作，远距离的通信方式用于正常的组网传输。

示例 2：基于 FPGA 的物联网终端

（1）概述

智能硬件是以平台底层软 / 硬件为基础，以智能传感互联、人机交互等新一代信息技术为特征，以新设计、新工艺硬件为载体的新型智能终端产品及服务。智能硬件在物联网系统中已无处不在，智能可穿戴产品、智能家居、智能车载、智慧医疗健康、智能无人系统等都离不开智能硬件。

基于 FPGA 平台的物联网片上系统是开发智能硬件的有效技术路径之一，本综合课程设计要求学生掌握片上系统的开发方法，并通过典型系统的开发，培养学生软 / 硬件协同的智能物联网功能部件的综合设计能力与实践能力，为今后从事物联网各类智能硬件及系统的开发奠定坚实的基础。

（2）目的和要求

- 目的

"基于 FPGA 的物联网终端"设计是物联网工程专业学生的集中实践环节之

一，其目的是要求学生利用所学的电路、FPGA、计算机原理、操作系统、传感器等基础知识，结合物联网系统中某一特定功能的终端或装置，采用FPGA技术设计并实现其功能，培养和提高学生的动手能力以及对理论知识的应用能力。具体目标包括：

1）掌握基于FPGA平台的片上系统开发方法。

2）掌握物联网硬件平台的处理器系统设计方法。

3）掌握物联网硬件平台的接口设计方法。

4）掌握物联网硬件平台的操作系统移植方法。

5）掌握物联网硬件平台的接口驱动程序开发方法。

6）掌握基于智能硬件的应用软件开发方法。

● 要求

1）进行课程设计前，学生应了解和熟悉开发平台的结构、特点和基本使用方法；掌握片上系统软/硬件的设计与实现方法；掌握相关EDA工具的使用；了解和掌握片上系统开发的调试技巧。

2）按照课程设计任务书的要求，完成各项设计任务，并认真完成实验报告。实验报告应对实验的基本步骤、现象、运行结果进行描述和分析。

3）使用设备前先对其进行必要的测试，实验过程中应注意设备的使用规范。

4）小组成员之间应相互协助与配合。

（3）选题举例

"基于FPGA的物联网终端"课程设计可设置多组选题，每个题目均设有基本要求和高级要求，每个小组任选一题完成，所有小组必须完成基本要求部分。

题目1　智能小车

本课程设计的目的是基于FPGA开发板设计一个支持操作系统的简单计算机系统，并能利用FPGA开发板上提供的基本接口实现智能小车需要的无线接口和控制步进电机的接口，并在此系统上开发简单的应用程序，实现一个可控的小车。

● 基本要求

在 FPGA 开发板上设计并实现一个基于 MIPS 的处理器，并在此基础上设计处理器的外围设备，包括 UART、COM 接口、蓝牙设备等。然后，在已开发的 MIPS 处理器上，搭建一个小型的操作系统，构成一个智能设备，作为智能小车的主控制器（小车的车架、机械部分需要另行购买，包括步进马达系统、机械传动系统以及便携供电系统等）。能通过蓝牙接口接收来自手机的控制信号，并转换成步进电机的控制信号，实现控制小车前进、倒车、转向等基本控制功能。

● 高级要求

为智能小车增加视频接口，并编写应用程序，实现小车的自动避障功能。

题目 2　远程温度信息监测系统

本课程设计的目的是基于 FPGA 设计的处理器通过扩展相应接口连接远程温度传感器、移植嵌入式 Linux 操作系统、设计 I/O 设备驱动程序和温度控制应用系统。

温度信息采集是典型的模拟信号实时进入计算机系统的数字化过程，物联网中存在着大量对模拟传感信号的接入和感知处理。对温度信号的远程采集主要包括前端对温度信息的获取与 A/D 采样、数字滤波、存储与转发等步骤。实验系统模拟对远程冷库的温度监测，由温度传感模块（有模拟电压接口和串行接口可选）、基于微控制器的实验箱（具有 A/D 接口和串行接口及 Linux 操作系统）、PC组成。实验箱和 PC 之间采用以太网（TCP/IP）接口连接。

● 基本要求

采用串行接口的温度传感模块和相关电路及系统实现对温度的采集，将温度信息经以太网实时传送到 PC 上，在 PC 上通过应用程序记录并以图形化方式显示温度的变化曲线。系统可向实验箱发送温度过限警报信息，实验箱将警报信息以灯光形式和本地显示屏方式呈现。

- 高级要求

在基于 FPGA 设计的处理器上设计应用程序，对采集到的温度信号进行滤波、分类和分析等处理。

示例 3：“云＋端”架构的物联网智能硬件

（1）概述

“‘云＋端’架构的物联网智能硬件”综合课程设计要求学生熟悉典型物联网平台的架构和开发方法，掌握基于典型物联网平台进行“云＋端”架构的物联网系统设计、开发、部署和应用的技能。通过综合性实验，培养学生对物联网软件、硬件、基于云的三位一体的物联网智能硬件的综合设计能力和动手能力，使学生深入理解理论知识，掌握基于物联网平台进行物联网系统设计的方法，为以后设计各类物联网应用系统打下坚实的基础。

（2）目的和要求

- 目的

“‘云＋端’架构的物联网智能硬件”综合课程设计是物联网工程专业学生的集中实践环节之一，其目的是使学生熟悉典型物联网平台的架构、开发方法，掌握基于典型物联网平台进行“云＋端”架构的物联网系统设计、开发、部署和应用的技能，通过综合性实验，培养学生对物联网软件、硬件、云和大数据支撑的物联网服务的物联网智能硬件的综合设计能力和动手能力。

- 要求

1）在进行课程设计前，学生要了解和熟悉典型物联网平台的架构，掌握典型物联网平台的软／硬件开发、部署方法。

2）按照课程设计任务书的要求，完成各项设计任务，并认真完成实验报告。实验报告应对实验的基本步骤、现象、运行结果进行描述和分析。

3）使用设备前应先进行必要的测试，实验过程中应遵守设备的使用规范。

4）小组成员之间应相互协助与配合。

（3）选题举例

"'云+端'架构的物联网智能硬件"综合课程设计可设置多组实验题目，每个题目均设有基本要求和高级要求，每个实验小组任选一题完成，所有小组必须完成基本要求部分。下面给出课程设计的选题举例。

题目1　基于 Intel IoT 物联网解决方案的智能硬件应用系统

本课程设计的目的是基于 Intel 物联网开发人员套件（预装 Intel Distribution of OpenVINO Toolkit 工具包和公有云边缘计算运行库）或 Intel HERO 异构可扩展计算平台，开发具有"云+边+端"架构的物联网边缘智能应用系统（包括智能服务机器人应用）。

● 基本要求

1）利用 Intel 物联网开发人员套件实现边缘多路视频接入、数据采集、AI 神经网络模型推理，并与公有云物联网管理平台连接。利用 Intel Distribution of OpenVINO Toolkit 实现面向视频的物联网边缘智能应用的快速开发和部署，并通过公有云物联网管理平台查看实时统计信息。

2）在 Intel HERO 平台上通过搭配可选运动底盘和传感器来实现智能服务机器人感知、运动导航及自适应人机交互功能。通过接入边缘计算，实现云边端一体化，从而提升智能机器人本体的处理能力，增强自主移动和感知学习能力。

● 高级要求

1）除了 Intel Distribution of OpenVINO Toolkit 工具包自带模型，能够利用这个工具包对其他模型（自研或第三方提供）进行优化并实现部署，并在系统接入多路视频流时对边缘智能系统的资源进行分配及优化。

2）智能服务机器人是物联网的一大应用方向，尝试利用云边端协同计算提升机器人本体持续学习和协同学习能力。

题目2　基于 Intel FPGA 的物联网智能硬件应用系统

本课程设计的目的是基于 Intel 的硬件可重配置的 SOC FPGA 平台 DE10-

Nano，开发具有"云 + 端"架构的物联网智能应用系统。

● 基本要求

1）利用 Intel DE10-Nano 硬件平台自身的传感器，或搭配其他传感器模块（比如温湿度传感器、功率 / 电压传感器等）采集来自其他外设模块的数据，进行数据处理，并通过网络将数据上传至云端物联网平台。智能系统能够通过网络与公有云物联网管理平台连接，并通过公有云物联网管理平台查看实时统计信息。

2）安全传输是物联网运营中的一个重要环节，要求使用 FPGA 内嵌的 ARM 处理器或 FPGA 的逻辑来实现加密算法、验证远程设备身份等功能。

● 高级要求

在 DE10-Nano 平台采集的数据由经过训练的神经网络模型（部署在 FPGA 端）进行边缘端处理（如目标检测、人脸识别等），从而实现边缘系统的智能化，提升系统的感知、运动导航、自适应交互等能力。实验中可采用基于 OpenCL 的 PipeCNN 开源设计，实现物联网边缘智能应用的快速开发和部署。

题目 3　基于中国移动 OneNET 平台的智能物联网应用系统

本课程设计的目的是基于中国移动 OneNET 开发板以及 OneNET 平台搭建一套具有"云 + 端"架构的物联网应用系统，该应用系统应在生活中有实际应用场景。

● 基本要求

利用中国移动 OneNET 开发板至少采集三种传感器数据，采集的设备数据适配 OneNET 平台协议（NB-IoT、MQTT、EDP、HTTP 或者 TCP 中任选一种），接入 OneNET 平台，并能够使用平台 View2.0 工具生成实时应用，且该应用具有实时数据上传以及反向控制功能。

● 高级要求

除满足实验基本要求外，该应用系统具有一定的 AI 处理能力（可调用 OneNET 平台 AI 能力）并且能够通过 OneNET 平台 API 接口与对应的 APP 或者 Web 应用打通（APP 或者 Web 应用需要自行编程完成，且具有数据实时查看以及反向控制功能）。

题目 4　基于华为 IoT 解决方案的物联网智能硬件应用系统

本课程设计的目的是完成基于华为 IoT 解决方案的物联网智能硬件应用系统的开发。该系统由终端开发板、NB-IoT 网络（GPRS/WIFI）、华为物联网平台 OceanConnect 及自行搭建并部署在华为云上的应用服务器组成，可实现物联网智能终端硬件开发、数据上报与命令下发码流、通信模组入网、物联网平台二次开发以及应用服务器搭建的物联网应用系统设计。

● 基本要求

根据要实现的业务和功能，以及终端设备和数据上报、命令下发的码流，在华为 OceanConnect 平台上设计并开发设备 profile 文件与编 / 解码插件，并通过平台模拟器测试其可行性。在终端开发板上移植华为 LiteOS 操作系统，基于该操作系统编写代码，以实现数据的采集、命令的接收和执行等业务功能，并通过 NB-IoT 模组进行数据通信，实现端云互通。

● 高级要求

能够分析不同场景下所需的业务及功能，设计并开发终端代码、平台 profile 文件与编 / 解码插件实现该功能。同时，能够基于华为 OceanConnect 平台搭建并部署应用服务器，设计 UI 界面，实现该场景下的业务。

题目 5　基于小米 AIoT 解决方案的创新型智能硬件

本课程设计的目的是基于小米 ESP32 小爱同学定制版开发板、米家 APP、小米 IoT 开发者平台的各项开放能力，研发创新型智能硬件，以解决或优化现实生活中遇到的某个 / 某些问题。

● 基本要求

1）定义一款创新型智能硬件，并使用小米 IoT 开发板 / 模组、基于小米 IoT 开发者平台完成硬件功能开发。

2）智能硬件能通过米家 APP 进行远程查看和控制，并结合消息通知、智能联动等小米 IoT 开放能力，为智能硬件打造良好的交互使用体验。

- 高级要求

通过小爱开放平台，适配小爱同学语音能力，让设备具备语音功能，可以播报天气、时间、百科等。

题目 6　基于中国电信 IoT 解决方案的物联网智能硬件应用系统

本课程设计的目的是基于中国电信 CTWing 物联网开发套件、CTWing 中国电信物联网开放平台、NB-IoT 网络（LTE/WIFI）开发具有"云＋端"架构的物联网应用系统。

- 基本要求

利用中国电信 CTWing 物联网开发套件和开发者工具包实现两种以上的传感器接入，中国电信 CTWing 物联网开发套件通过 NB-IoT 网络（LTE/WIFI）与 CTWing 中国电信物联网开放平台连接。根据要实现的业务场景和功能，在 CTWing 中国电信物联网开放平台上配置产品、设备和物模型，并通过平台模拟器测试其可行性。在中国电信 CTWing 物联网开发套件上基于中国电信终端软件 SDK 和样例程序编写代码，实现传感器数据的采集、上行数据的发送、平台下发指令的接收和执行等端云互通业务功能。

- 高级要求

能够利用 CTWing 中国电信物联网开放平台的 API 接口开发用户自己的应用程序并部署应用，能够集成 CTWing 中国电信物联网开放平台规则引擎进行数据过滤分析和挖掘。

示例 4：物联网感知综合课程设计

（1）概述

物联网感知是物联网与物理世界交互的主要途径。通过物联网感知技术，可以将物理世界的信息转化为数字信息；通过标识技术，可以将这些物理信息变成在整个物联网中可唯一识别的数据。物联网的感知和标识主要是以传感器技术与

RFID 技术为基础的。

物联网感知综合课程设计要求学生了解物联网对于高精度、低成本、低功耗、稳定可靠的智能数字传感器，以及适应规模化应用需要的物体标识和通信标识系统的需求。通过典型智能传感器的感知实验和设计实验、RFID 标识实验和设计实验，以及感知技术的综合应用实验，使学生掌握物联网感知层的基本设计和开发方法，为以后设计和开发完整的物联网应用系统打下坚实的基础。

（2）目的和要求

- 目的

物联网感知综合课程设计是物联网工程专业学生的集中实践环节之一，其目的是要求学生利用所学的传感器、智能传感器、RFID、条形码、视频监控、定位技术等基础知识，结合某一物联网应用系统的设计，掌握运用基础知识和基本原理解决系统设计问题的方法，并通过实践学习物联网感知层系统的设计方法，使学生具备设计和开发完整的物联网应用系统、感知技术和产品的能力，为后续的学习和工作打下基础。

- 要求

1）在进行课程设计前，学生应了解和熟悉传感器、智能传感器、RFID、条形码、视频监控、定位技术的工作原理；掌握传感器、RFID 的设计与实现方法。

2）按照课程设计任务书的要求，完成各项设计任务，并认真完成实验报告。实验报告应对实验的基本步骤、现象、运行结果进行描述和分析。

3）使用设备前先对其进行必要的测试，实验过程中应注意设备的使用规范。

4）小组成员之间应相互协助与配合。

（3）选题举例

物联网感知综合课程设计可设置多组实验题目，每个题目均设有基本要求和高级要求，每个实验小组任选一题完成，所有小组必须完成基本要求部分。这里列出课程设计的选题举例。

题目　基于物联网的供应链全过程监控系统

本课程设计的目的是进行 RFID 和条形码标识、智能无线传感器、视频监控、定位技术等感知技术的集成应用系统设计实践。

课程设计的主要内容包括采用条形码对商品单品进行标识，采用 RFID 对物流周转箱、托盘进行标识，感知货物的身份；利用无线温度传感器、湿度传感器、振动传感器对货物所处的状态进行监控和感知；利用 GPS 和北斗实现大尺度的室外定位，利用 RFID、WiFi 等定位技术进行室内定位，感知货物的位置；利用视频技术对货物的操作过程进行监控，感知货物的处理过程。各类感知信息通过各种接入手段传入物联网监控系统，实现对于物流、食品药品安全的供应链全过程的监控和可视化。

● 基本要求

熟悉条形码打印机、条形码扫描器的应用；掌握 RFID 单品标签、周转箱标签、托盘标签的选择，以及 RFID 读写器及其开发板、RFID 中间件的应用；熟悉 GPS 定位系统、GIS 电子地图、基于 RFID 的室内定位系统或基于 WiFi 的室内定位系统的应用；熟悉无线温度传感器、湿度传感器、振动传感器的应用；掌握由硬盘录像机、摄像头、摄像头电源、摄像头固定支架、视频接头、视频线等组成的视频监控系统的应用与实施。能够将 RFID 信息、传感信息、位置信息和视频监控信息集成进入一帧图片，实现基于物联网的供应链全过程的可视化监控。

● 高级要求

能够在 Android 手机上实现 RFID 信息、传感信息、位置信息和视频监控信息集成的供应链全过程监控系统。

2. 物联网应用系统综合课程设计

物联网应用系统综合课程设计主要通过典型物联网应用系统的设计和开发实践，掌握包括应用项目可行性研究、需求分析、应用系统设计、应用系统集成、项目工程实施、系统测试、系统运维、投资回报率（ROI）分析等在内的物联网应用系统设计与工程实施方法，能够运用这些方法进行物联网应用系统设计与实施，并能够进行物联网商业模式设计。

示例 1：智能交通系统

（1）概述

本课程设计要求学生掌握有关 RFID 系统、视频识别系统、数据传输网络、数据存储、大数据分析、GIS 系统、软件设计与编程等多方面的知识和设计能力。通过该系统的设计与实施，可综合检验学生的基础知识和综合实践能力。

（2）目的和要求

● 目的

要求学生综合应用所学的感知系统、计算机网络、数据库系统、位置服务、程序设计、大数据分析、应用系统设计等知识，设计一个实际的应用系统。通过综合课程设计，学生可以深入了解物联网应用系统的组成要素，熟悉系统的开发流程和开发方法，为以后开发其他物联网系统打下坚实的基础。

● 要求

1）进行课程设计前，学生应了解和熟悉多种感知设备与系统的工作原理；掌握系统软/硬件的设计与实现的相关方法；熟悉相关开发工具；掌握系统调试、测试与部署技巧。

2）按照课程设计任务书的要求，完成各项设计任务，并认真完成实验报告。实验报告应对实验的基本步骤、运行结果进行描述和分析。

3）使用设备前，应先进行必要的测试，实验过程中应注意设备的使用规范。

4）小组成员之间应相互协助与配合。

（3）选题举例

题目　智能交通系统

本课程设计的条件和要实现的功能如下：

● 条件

①所有路口各方向均安装高清摄像头，较长无路口的路段每隔 500 米安装一个高清摄像头。

②进出城市的关键路口、城市内部关键路口的高清摄像头称为卡口。

● 核心功能

①实现电子车牌及其在线监测，路口抓拍及违章判别与筛选。

②卡口需实时对车牌进行识别，能与系统中设定的报警条件（如单双号限行、嫌疑车辆等）进行比对并报警或记录。

③对全域车流量进行判别和预测，将结果发送到城市中的交通诱导显示屏和相关网站上实时显示。

④对交通信号灯的时长进行区域化、智能化实时调整。

示例 2：智能家居

（1）概述

本课程设计的目标是让学生进一步加深对物联网工程的基本理论、方法和开发技术的理解，通过应用系统开发实践，训练学生对物联网应用系统的分析、设计以及开发技能，培养学生利用物联网工程方法解决实际问题的能力，并且锻炼学生的团队合作和协调能力，以及表达、沟通的能力，为学生今后从事物联网工程开发打下扎实的基础。

（2）目的和要求

本课程设计中，学生可按 3～5 人为一组建立团队，分工合作完成一项实验。实验开始阶段需要明确每位同学的任务分工，并编写系统设计文档以及开发计划，经过指导教师审核后进行开发。开发过程中，指导教师应按照开发计划检查各组的开发进度，并指导各组解决遇到的问题。实验完成后，每位同学需要提交实验报告，汇报所承担的设计、开发任务及实验效果，指导教师将根据实验完成的情况和每位同学的工作内容和效果评定成绩。

实验所采用的开发技术以及实施方案，可以参考下面的建议：

1）系统中各个传感器节点可以采用 Ti CC2530 节点，并基于 ZigBee 协议栈开发节点代码；采用树莓派 3 节点，基于 Android Things 以及 Weaves 开发节点代码；采用华为的 NB-IoT 协议栈、LiteOS 及相应的模块。

2）系统采集的数据可以存储于节点或 PC 的数据库中，或者存储在云端。推荐采用云端存储方式，可以选择当前的主流的云存储服务进行开发。

3）系统建议采用浏览器 / 服务器架构，应当包含 PC 端的管理软件、传感控制节点上的嵌入式模块，以及用户手机上的客户端。

（3）选题举例

题目　智能家居系统

本课程设计要求实现以下功能：

1）家居环境监测：存储家居环境传感器采集的数据，包括室内温度、湿度、光照、空气质量（PM2.5、甲醛浓度）等，并且对各项数据进行分析和判断，当各项环境数据迅速变化或者超出阈值时应当发出提示信息。

2）家居环境自动调控：对家居环境进行调节，包括温湿度调节（通过空调）、光照调节（通过电动窗帘及可调灯具）、空气质量调节（通过换气扇、空气净化器）等，使得对应的环境指标处于合理范围内。

3）家用电器远程控制：家用电器（包括电视、电灯、空调、热水器等）进行远程控制，并且能够显示当前电器的状态。

4）家居安全监控：通过红外传感器及震动传感器监控人员入侵时间，通过火焰传感器监控火灾事件，通过可燃气体传感器监控燃气泄漏事件，通过雨水传感器监测厨卫漏水事件或下雨，并可以向用户手机发出相关提示。

5）应用系统界面开发：开发 PC 端或者手机端的智能家居应用系统，使用户可以对以上各种智能家居功能进行访问操作。

示例 3：智慧农业

（1）概述

本课程设计的目标是加深学生对物联网工程的基本理论、方法和开发技术的理解，通过应用系统开发实践，训练学生对物联网应用系统的分析、设计以及开发的技能，培养学生利用物联网工程方法解决实际问题的能力，并且锻炼学生的团队合作和协调能力，以及表达、沟通的能力，为学生今后从事物联网工程开发打下扎实的基础。

（2）目的和要求

本实践课程中，学生每 3 人为一组，分工合作完成开发任务。开始阶段需要明确每位学生的任务分工，并编写系统设计文档以及开发计划，经过指导教师审核后进行开发。在开发过程中，指导教师将按照开发计划检查各组的开发进度，并指导各组解决所遇到的问题。实验完成后，每位学生需要提交实验报告，汇报所承担的设计、开发任务及实验效果，指导教师将根据实验完成的情况和每位学生的工作内容、效果评定成绩。

实验所采用的开发技术以及实施方案，可以参考下面的建议：

1）系统中各个传感器节点可以采用 Ti CC2530 节点，并基于 ZigBee 协议栈开发节点代码；采用树莓派 3 节点，基于 Android Things 以及 Weaves 开发节点代码；采用华为的 NB-IoT 协议栈、LiteOS 及相应的模块。

2）系统采集的数据可以存储于节点或 PC 端的数据库中，也可以存储在云端。推荐采用云端存储的方式，可以选择当前的主流的云存储服务进行开发。

3）系统建议采用浏览器 / 服务器架构，应当包含 PC 端的管理软件、传感控制节点上的嵌入式模块，以及用户手机上的客户端。

（3）选题举例

题目　智慧农业系统

本课程设计要求实现下面的功能：

1）农业大棚环境数据的传感、采集与调控：使用温湿度传感器、光照传感器，以及土壤湿度传感器对农业大棚中的温度、湿度、光照强度、土壤湿度进行数据采集和存储。根据设定的规则，通过换气扇、天窗以及加湿器调节大棚中的空气温度和湿度，通过遮光帘以及电灯调节光照，并通过灌溉系统调节土壤湿度。

2）养殖场环境数据的传感、采集与调控：使用温湿度传感器、光照传感器、CO_2传感器对养殖场的温度、湿度、光照、CO_2浓度进行数据采集和存储。根据设定的规则，通过换气扇和加湿器调节养殖场中的空气温度和湿度，通过电灯调节光照。

3）养殖水池环境数据的采集与调控：使用水体浑浊度传感器对水池的水质数据进行采集，根据预定的规则，通过循环过滤泵对水质进行调控。

4）智慧农业应用的设计与开发：开发 PC 端或者手机端的智慧农业应用系统，使用户可以对以上各种智慧农业功能进行访问操作。

示例 4：工业物联网

（1）概述

工业物联网是物联网技术在工业领域的应用，是实现产业升级的重要技术手段。本实践课程的目的是使学生进一步理解工业物联网的技术特点和开发方法，通过应用系统的开发实践，训练学生对工业物联网应用系统的设计及开发技能，培养学生利用物联网工程方法解决工业物联网问题的能力。由于工业物联网涉及面较广，本案例侧重车间级的应用，即"智慧车间"，目的是让学生了解物联网在实时关键领域的应用需求。

（2）目的和要求

本实践课程中，学生可选择 3～5 人建立一个小组，分工合作完成一项实验。实验开始阶段，需要明确每位学生的任务分工，并编写系统设计文档以及开发计划，经过指导教师审核后进行开发。开发过程中，指导教师应按照开发计划检查各组的开发进度，并指导各组解决遇到的问题。实验完成后，每位学生需要提交实验报告，汇报所承担的设计、开发任务及实验效果，指导教师将根据实验完成的情况和每位学生的工作内容及效果评定成绩。本实验主要包括以下几个方面的要求。

1）了解工业物联网的基本结构：工业物联网的应用环境比较复杂、应用要求较高。学生首先应了解工业自动化技术发展历史，工业领域对控制可靠性、实时性、安全性的要求；了解物联网技术在工业领域的应用需求，例如工业物联网产生的工业大数据对工业生产的重要意义与应用方式。

2）了解工业物联网的感知层相关技术：学生需要了解基本的工业传感器的特性，如压力测量、液位测量、流量测量、位移测量、物位测量、温度测量、称重测量、接近测量等传感器；了解常用的工业现场总线技术，如 FF、CAN、LonWorks、PROFIBUS、HART 等的应用；学习各种工业传感器与工业现场总线的接口技术，以及传感器与总线的实时数据采集速率匹配技术。

3）了解并设计工业物联网的通信技术：学生需要掌握物联网技术在工业领域应用时对通信技术的实时性和可靠性的需求，了解常用的 5G、工业以太网、工业无线网等技术。了解工业以太网与普通以太网的区别，以及工业无线网与 ZigBee 网络的区别，掌握工业物联网实时通信对技术的需求。

4）理解工业物联网的应用层相关技术：了解工业物联网涉及的相关技术，如工业实时数据库技术、信息实时处理技术等。感兴趣的同学可以进一步了解信息物理系统（CPS）的基本概念，以及信息物理系统如何通过集成的感知、计算、通信、控制等信息技术，实现物理空间与信息空间中人、机、物、环境、信息等要素的相互映射、适时交互、高效协同，实现系统内资源配置和运行的按需响应、快速迭代与动态优化。

（3）选题举例：智慧车间

智慧车间是在数字化车间的基础上，利用基于物联网的设备监控技术加强信息管理和服务，从而掌握产销流程、提高生产过程的可控性、减少生产线上人工的干预、即时正确地采集生产线数据，安排生产计划与生产进度。

本课程设计要求实现以下功能。

1）生产设备数据的采集与控制：利用5G、工业现场总线、工业无线网等通信技术，实时采集车间生产设备、各种仪表的数据，并进行前端数据过滤与分类后，上传至车间本地服务器。

2）车间人员实时管理：结合胸卡式定位卡，精确定位工人位置和行为轨迹，结合工业系统输送的工位工作状态，使工人工作状态可视化，并分析工人工作状态、编排数字化工业操作，优化工作流程。

3）车间现场管理系统的开发：开发基于PC或者手机APP的智慧车间管理系统，使车间工作人员可以对车间的生产设备与相关仪表进行操作与管理。

4）生产设备的控制与人员的调度：利用已开发的车间现场管理系统，通过开发的车间实时通信网络，根据工厂生产计划，对车间的生产设备进行控制，并对相关工作人员进行调度。

5）车间安全生产监控：基于获取的生产设备实时运行数据，通过智能分析，判断生产设备运行状态是否正常；通过摄像头监控生产人员是否处于合理工位；通过烟感传感器监控车间火灾事件；通过红外传感器监测非法人员入侵。如出现异常，可向车间管理终端实时报警。

示例5：基于智能硬件的创新型智能控制系统

（1）概述

选择智慧家庭、智慧办公、智能楼宇等任意一种智能控制场景，设计创新型的智能控制系统，或打造优秀的使用体验，或提升控制管理效率，或推进实现节能减排。

（2）目的和要求

1）基本内容和要求

①结合业界已开放控制能力的智能硬件和接口，实现创新型的智能控制系统。

②智能控制系统中，至少存在一个远程控制终端（如 APP、PC 等）。

2）高阶内容和要求

①智能控制系统支持使用内置语音设备（如小米 AI 音箱、小米小爱音箱 mini、小米小爱智能闹钟、小米米家小白智能摄像机增强版）进行语音控制。

②智能控制系统支持自动化配置或深度学习功能，可结合使用场景实现真正的智能化控制。

（3）选题举例

题目　基于小米智能硬件的创新型智能控制系统

本课程设计要求采用下述设备进行基于小米智能硬件的创新型智能控制系统设计。

①插座：小米 / 米家智能插座、米家智能插线板。

②照明：米家床头灯、米家 LED 智能台灯、米家 LED 智能灯泡、米家 LED 吸顶灯。

③开关：Aqara 单键 / 双键墙壁开关。

④窗帘电机：Aqara 智能窗帘电机。

⑤传感器：米家温湿度传感器、米家蓝牙温湿度计、米家人体传感器、米家门窗传感器、米家 PM2.5 检测仪、米家多功能网关、米家烟雾报警器。

⑥家电红外控制：米家空调伴侣、小米万能遥控器。

示例 6：基于边缘计算网关的异构系统集成

（1）概述

本课程设计的目的是加深学生对物联网中间件及边缘计算的基本理论、方法和开发技术的理解，通过应用系统开发、部署实践，让学生了解常用主流工业通信协议，培养学生对物联网中异构系统集成项目的分析、设计、开发、部署和调试能力，同时锻炼学生的团队合作、表达沟通以及项目管理的能力，为学生今后从事物联网工程相关工作打下扎实的基础。

（2）目的和要求

本实践课程中，可要求 3～5 个学生建立一个项目组，分工合作完成一个项目实验。在实验开始阶段，需要明确项目需求，编写系统设计文档，制定开发计划并确认每个成员的任务分工，经过指导教师审核后进行开发。开发过程中，指导教师应按照各组的项目计划审核开发进度，同时对各项目组遇到的问题进行指导和帮助。项目完成后，每位学生需要提交实验报告，汇报项目中所承担的设计、开发任务及实验结果，指导教师将根据实验项目的完成情况和每位学生的工作内容及结果评定成绩。

实验所采用的开发技术以及实施方案，可以参考下面的建议：

1）目标系统至少需要集成 3 个以上来自不同厂家的子系统，每个子系统都采用不同的通信协议，子系统之间在边缘侧通过边缘计算网关进行集成。边缘计算网关对来自各个子系统的数据进行标准化，实现现场设备在边缘侧的互联互通和互操作。

2）传感层可以通过有线或无线的通信方式，采用 DDC 或 PLC 等现场可编程控制器进行数据采集和控制输出；采用具有边缘计算功能 CROSS（C 为 Connecting，表示连接功能；R 为 Real Time，表示实时控制；O 为 Optimization，表示优化控制；S 为 Security，表示数据安全；S 为 Smart，表示边缘智能）的网关，根据项目需求对不同子系统的数据进行采集、标准化、缓存、清洗、分析等处理；物联网集中管控平台（Supervisor）可以部署在本地局域网服务器上，也可以部署在云端；面向客户的应用程序建议采用 B/S（浏览器 / 服务器）架构，最好可以同时支持客户通过手机等移动终端对系统进行访问和管理。

3）利用开放的物联网中间件平台软件（最好支持组态编程和实时在线编程），对边缘计算网关和物联网集中管控平台（Supervisor）完成各个子系统的集成，设计子系统之间协同联动的控制逻辑以及用户的终端界面。同时，需要考虑整个系统数据和通信安全的设计和部署，以及对多用户访问权限的配置和管理等功能的设计和实现。

（3）选题举例

题目　智慧园区的系统集成

本课程设计要求实现以下功能：

1）子系统的硬件集成。对智慧园区常见的子系统进行设备集成，这些子系统包括门禁系统、视频监控系统、能源管理系统、空调控制系统以及给排水系统。来自不同子系统的设备包括传感器（温度、湿度、光照、空气品质、特殊气体、摄像头、读卡器、红外传感器、RFID 资产传感器、水表/热表/电表等）、执行器（门禁开关和各种管道阀门等）、现场控制器（DDC/PLC/IO 模块）。需要将这些设备直接或间接地通过各种现场总线，以有线或者无线的方式连接到边缘计算网关。

2）系统的设备数据采集及现场调试。将异构的各个子系统，通过其固有的各种通信协议（如 BACnet、Modbus、Fox、OBIX、M-Bus、OPC-UA、MQTT 等）对接到边缘计算网关以完成整个系统的集成。通过对各个子系统中的各个设备进行调试，确保整个系统中的所有设备实现互联、互通、互操作。

3）基于场景的系统软件逻辑设计、实现及仿真调试。利用开放物联网中间件平台软件，根据项目需求中设定的控制场景，通过编程的方式来实现不同子系统中设备的联动，进而实现场景所需的功能。在部署到实际设备之前，可以通过中间件平台的仿真功能进行调试和验证。如果可能，可以在中间件软件平台对来自设备的数据进行数据标签的标定等处理，为应用层软件的大数据分析和人工智能等功能的实现打下基础。

4）系统软件的用户界面设计。利用开放物联网中间件平台软件，进行 B/S（浏览器/服务器）架构的应用界面的设计，根据项目需求设计设备管控、数据统计分析、园区能耗展板等交互友好的可视化图形界面。

5）云边协同的数据通信。利用开放物联网中间件平台软件，采用 MQTT 通信协议与某公有云进行数据存储，并制作 Dashboard 及用户的界面。

6）系统的安全设计。在整个系统中，通过为不同用户分配不同的角色来实现对集成系统中不同设备的访问权限控制，实现可配置的用户登录鉴权策略。在边缘计算网关及管理平台中，实现数据通信加密方式配置和数字证书配置等策略，以保证系统的安全。

7）系统的二次开发（可选）。利用开放物联网中间件平台软件，对某些采用私有通信协议的系统进行集成，通过对平台进行二次开发的方式进行协议的解析和处理，实现该系统的接入和集成。

7.3.5 组织和实施方案

1. 组织

综合课程设计建议安排在课内进行，按照 2～3 人为一组组织实施。学生在课外还要安排一定时间完成查阅资料、设计方案等工作。

2. 选题要求

各办学单位可以结合区域和行业物联网应用特色，综合考虑学校的软 / 硬件实验条件、教师的科研工作、与企业合作开展的项目等，根据学生的情况，针对每个综合课程设计选择合适的选题。在选题过程中应该注意以下几点：

1）应与教学内容相关并适当结合各办学单位的专业特色，具有一定的综合性和系统性。

2）选题应具有一定的灵活性，学生可根据自己对相关知识的掌握程度和兴趣进行适当的扩展。

3）选题内容要新颖，能反映当前的主流技术，同时具有一定的趣味性和适用性，并避免与近几年的题目过度重复。

3. 教学设计

1）指导教师应用一定时间向学生解释课程设计的内容和要求。

2）在设计过程中，指导教师应适当引导学生分析和解决理论和实践中遇到的问题。

3）教师应鼓励和引导学生进行创新。

7.4 专业实习

7.4.1 性质

专业实习是根据教学的需要，有组织、有计划进行的一项重要的实践教学活动。实习环节既是对理论知识的验证、应用，也是对理论教学的补充。学生通过直接参与物联网产业相关的实践活动，还可以进一步了解、感受未来将要从事的实际工作。专业实习是物联网工程专业教育教学活动的一个重要环节，一般应该安排在实习基地、物联网企业、相关研究机构等单位进行，部分内容也可以与社会实践活动相结合。

7.4.2 目的

学生通过专业实习，可以综合应用已经学到的知识，培养实际工作能力；同时，能够了解物联网工程专业相关技术的发展和社会对专业人才的需求信息，明确自己的学习目标，有针对性地进行自主学习，加深对专业知识的理解并能灵活应用，从而提高专业素质和解决实际问题的能力，适应社会发展的需要。

7.4.3 指导思想

专业实习应该突出"理论指导下的实践"这一指导思想，在内容安排上要与物联网技术和产业的发展及理论课程的教学内容相结合，使学生通过实习进一步了解物联网领域的发展，增加感性认识，加深对专业的了解。通过实习应使学生进一步巩固所学的知识，同时学习新的知识，培养学生的自学能力、实践能力和创新能力。

7.4.4　基本要求

专业实习应该依据本专业人才培养目标给出的基本理论和基本技能的要求，结合培养目标、教学性质、实习条件、教学实践等环节进行安排。具体建议如下。

1. 时间安排

专业实习的时长建议在 6 周左右。既可以单独组织实习环节，也可将部分实习环节与课程设计、综合设计、毕业实习等环节相结合。如果考虑与卓越工程师计划对接，则专业实习时间建议为一学年。

2. 组织形式

建议校内实习与校外实习相结合，既可以在相关企业和科研单位（校外实习基地）进行生产或科研活动，也可以在校内实习基地完成相关设计、开发实践。

7.4.5　实习内容

专业实习是学生在校学习期间由学校统一组织的、在特定实习基地 / 单位进行的专门实践活动。专业实习的内容可以根据学生的课程进度和实习基地 / 单位的情况进行安排，最好能够结合企事业单位的工程实践进行。专业实习的内容及组织形式建议如下。

1. 认识实习

安排学生到大中型物联网设备制造企业、软件开发企业、应用系统集成企业、大中型信息中心和云计算中心等物联网产业链各环节的企业、物联网应用示范场所参观考察，了解物联网的发展过程、技术现状和应用情况，激发学生学习物联网专业知识的积极性。认识实习可以作为专业教育的一个环节结合入学教育统一安排，时长一般不超过1周。

2. 生产实习

生产实习的目的是使学生将所学的理论知识应用到实际中，学生应该在物联网应用系统实施现场直接参与软/硬件产品的开发和物联网应用系统实施过程，将专业知识与物联网应用实际联系起来，从而积累学生的工作经验，提高就业竞争力。所以，生产实习最好安排在校外物联网工程实习基地进行，也可以在校内实习基地最大限度地模拟实际过程。生产实习的时长建议为 2 ～ 3 周。

3. 毕业实习

毕业实习是安排在毕业设计之前的一个实践环节，主要目的是让学生在毕业前了解和搜集物联网工程专业相关的技术需求信息，确定毕业设计课题，掌握相关技术、方法以及最新的技术进展，完成开题工作。对于已经确定毕业设计课题的学生，主要工作是搜集相关的技术资料，完成毕业设计的开题报告。毕业实习的时长一般为 2 周，在具体安排时，可以单独设立毕业实习环节，也可以与毕业设计环节结合，将毕业实习的内容要求包含在毕业设计环节中。

4. 课外实践

对有条件的学校和学有余力的学生，应鼓励其参与各种形式的课外实践。课外实践的主要形式包括（但不限于）：①高年级学生参与科研；②参与物联网设计大赛、数学建模大赛、电子设计大赛等竞赛活动；③参加其他各类与专业相关的创新实践活动。学生通过参加课外实践既可以提高实践能力和创新能力，又能培养协作精神，从而获得良好的实践效果。课外实践应该有统一的组织方式和相应的指导教师，可依据学生的竞赛成绩、总结报告或与专业有关的设计、开发成果进行考核。

5. 社会实践

社会实践的主要目的是让学生了解社会发展过程中与物联网相关的各种信息，将自己所学的知识与社会的需求相结合，增加学生的社会责任感，进一步明确学习目标，提高学习的积极性，使学生在实践过程中达到既提高个人能力，又服务社会的目的。社会实践可以给予适当的学分，具体方式包括组织学生走出校门进行社会调查，了解目前物联网工程专业的人才需求、技术需求或某类产品的供求情况；到基层进行物联网知识普及、培训，参与物联网应用系统建设；选择某个专题进行调查研究，写出调查报告等。社会实践可以安排在假期完成，也可以单独安排 1 周的时间进行。

7.4.6　实习基地建设

在专业建设过程中，应该根据物联网工程专业的人才培养要求建设相对稳定的实习基地。作为实践教学环节的重要组成部分，实习基地的建设具有重要的作用。实习基地的建设要纳入学科和专业的有关建设规划，定期组织学生进入实习基地进行专业实习。学校应该定期对实习基地进行评估，评估内容包括接收学生的数量、提供实习题目的质量、学生实践过程的管理情况、学生的实践效果等。实习基地分为校内实习基地和校外实习基地两类，它们应该各有侧重，相互补充，共同承担学生的实习任务。

1. 校内实习基地

在校内实习基地的建设中，应该引入先进的软 / 硬件技术、工程化思想和充足的设备。要充分利用相关企业的人员和技术优势，共同完成专业实习的各个阶段。要努力争取企业的支持，引入适当的工程项目或研究项目到校内实习基地进行开发工作，使学生特别是高年级学生有更多的机会参加实际工程项目的开发。

校内实习基地应能为参加实习环节的学生提供足够的设备独立使用时间，并且配备专门的指导教师对学生进行指导。

2. 校外实习基地

在校外实习基地的建设中，应该本着"就地就近、互惠互利、专业对口、相对稳定"的原则，积极在相关单位建立校外实习基地，使学生能够到校外实习基地直接参与物联网软硬件产品的开发和生产过程，为学生提供良好的专业实习环境。

学校应该指定有实践经验、责任心强的教师担任实习指导教师，并且聘请实习基地中业务水平高、责任心强的人员担任校外指导教师。

总之，专业实习是物联网工程专业教育教学活动中的一个重要环节。学校应该建立有效的评估与管理机制对专业实习的过程和效果进行定期的评估，评估体制应能充分激励参与实习教学各方面人员和单位（包括学生、指导教师和相关参与企业等）的积极性，从而对实习的质量起到有效的监督和促进作用。

7.5 毕业设计

7.5.1 性质

毕业设计是教学计划中重要的体现综合性、创造性且理论联系实践最紧密的教学环节。在毕业设计阶段，学生应在指导老师的指导下，对有明确需求和目标的课题，按照工程项目的管理要求，从课题调研、中外文资料查阅、方案设计、软/硬件平台选择到具体实现等课题环节开展工作，完成课题任务及课题资料的建设，并在此基础上撰写毕业设计论文，从而加深对专业的认识，为将来解决更复杂的课题奠定基础。毕业设计应该安排不少于 12 周的时间。

通过毕业设计这一环节的实践，不仅能使学生熟悉专业领域的相关工作，深化对理论知识的认识，培养应用能力，而且通过项目化的管理，能使学生得到工程师的初步训练，理解工程项目中不同角色的职责，提高交流协作能力。通过项目资料的整理和毕业论文的撰写，学生能够深入理解课题乃至相关领域的问题，并掌握相关的规范，为进一步发展打好基础。按照实践体系的基本要求，毕业设计选题不能是单纯综述性的课题。

因此，认真做好毕业设计的选题，强化和规范各环节的过程管理，是保证毕

第 7 章 物联网工程专业实践教学体系

171

业设计教学目标和质量的有效措施，对全面提高本科教学质量与本科毕业生的专业素质具有重要的意义。

毕业设计的培养目标如下：

1）培养学生严谨的科学态度，正确的设计思想，科学的研究方法，敢于创新的精神和良好的工作作风。

2）培养学生独立思考及工作的能力，独立检索中外文等相关资料、综合分析、理论计算、工程设计、实验研究、工程制图、模型抽象、数据及文字处理等方面的能力，并掌握当前研究、设计的工具和环境。通过毕业设计的教学过程，使学生得到工程设计和科学研究的初步锻炼。

3）培养学生掌握一定的基本技能以及综合运用基础理论、基本知识和技能解决具有一定复杂程度的实际问题的能力。

7.5.2 指导思想

毕业设计的教学安排应该体现以下指导思想：

1）强调对确定的设计任务和目标的实现，也就是毕业设计阶段一般以实现预定功能的过程和技术性任务为主，同时要求在此过程中培养学生的创新意识和能力，鼓励新思想、新发现。

2）培养综合运用所学知识解决实际问题的能力，同时考虑经济、环境、伦理等各种制约因素，并在此过程中加强选题、调研、资料查阅、需求分析、研究计划制定、概要设计、详细设计、具体实现和调试、文档撰写、研究进度和成果文字与口头报告、毕业论文撰写、毕业答辩12个方面能力的培养。

3）通过毕业设计，引导学生熟悉特定的应用或研究领域。

7.5.3 基本要求

为了实现培养目标，需要在以下方面具备必要的条件。

1. 毕业设计选题的基本要求

毕业设计的选题应满足以下标准：

- 与专业培养目标一致。

- 符合当前专业领域的发展动态。

- 有明确的任务需求描述。

- 具有合理的工作量和难易度。

- 体现新工具、环境和技术的运用。

选题可以是来自实际工程项目、学术研究、教学研究等课题中的相关问题，一般应该以实际问题为主。

2. 对指导教师的要求

毕业设计的指导教师一般应具有研究或项目开发经历，具有讲师及以上职称或者硕士及以上学历，熟悉毕业设计各环节的要求和规范，并能严格按照规范指导。每位指导教师每一届指导的学生人数一般不超过 8 人。

对于在校外做毕业设计工作的学生，应该实行双导师制。

3. 对学生的要求

学生应理解毕业设计的重要性，认真完成每个环节的教学目标，在上述从选题到毕业答辩的 12 个方面得到全面的锻炼；应注重团队协作，做好项目中的角色工作；应按照要求做好仪器、设备的维护以及水、电等的安全工作。

4. 过程管理要求

教学管理部门应该对毕业设计提出规范的过程管理机制和明确的要求，体现对毕业设计过程"事先可知、过程可见、事后可查"，对各个环节的评价"有据可依"。

规范的毕业设计过程包括课题选择与评价、指导教师与学生安排、项目过程进度安排与文档规范、毕业论文规范、检查方式、答辩安排和要求、成绩评定、毕业设计工作总结。

- **课题选择与评价**：明确课题的基本要求，并对相关课题是否适用于毕业设计给予评价。
- **指导教师与学生安排**：兼顾个人兴趣与实际情况。
- **项目过程进度安排与文档规范**：项目进度安排应明确体现阶段任务的划分和检查与评价标准，详略得当。文档应体现项目设计规范。
- **毕业论文规范**：论文组成及每个部分的要求明确。例如，总体内容安排、章节规范、图表、参考文献等的要求明确。
- **检查方式**：采取多种形式、多个角度进行检查，确保毕业设计的质量。
- **答辩安排和要求**：对毕业答辩安排、答辩过程和成绩评定有明确的规定和要求。答辩过程有必要的记录。
- **成绩评定**：应兼顾毕业设计的完成质量、论文质量与规范、答辩的表述与回答问题情况，及其在整个毕业设计阶段的综合表现。
- **毕业设计工作总结**：科学客观地反映整体工作情况，对后续工作的改进意见科学、合理、可行。

5. 毕业论文的要求

在完成设计任务的基础上撰写毕业论文，对设计工作进行总结，在技术和理论方面进行提升，按照规定的格式进行系统的阐述。论文的组成部分、各环节的要求符合规范，表述清楚，文字通顺，详略得当，图表规范。

7.5.4 毕业论文的组成

毕业论文应描述课题的背景、具体需求及其指标要求、系统设计、工具与环境选择、实现、测试等方面。论文包括以下内容。

1）**论文封面**：论文封面包含论文名称、指导教师、日期等信息。

2）**中英文摘要**：概括主要内容和结论，并有 3 ～ 5 个关键词。

3）**目录**：由篇章节各级标题和附录等的序号、题目和页码组成。

4）**引言**：概括课题背景、设计任务和指标等。

5）**正文**：按章节编排，应清楚地反映毕业设计的工作。

6）**致谢**。

7）**参考文献**。

8）**附录**：包括程序清单或相关的设计文档等。

7.5.5　主要过程控制环节

毕业设计有以下主要的过程控制环节。

1）**制定毕业设计任务书**：毕业设计任务书是指导教师和学生之间的基本约定，应该包括毕业设计的主要内容及要求，涵盖任务及背景、工具环境、成果形式、着重培养的能力；应收集的资料及主要参考文献；毕业设计进度计划。

2）**确定开题报告**：学生在接受课题后，通过查阅文献、调研等工作，理解课题需求并制定工作方案。开题报告应该包括毕业设计课题名称、背景分析、实现方案、指导教师评语。

3）**中期检查**：在毕业设计期间组织的检查，以便及时了解学生的开题准备和设计进展、指导教师的安排、毕业设计实验条件与资料、教学管理等方面的问题，从而为确保毕业设计的进度和质量提供及时有效的管理依据。

4）**论文审查**：毕业论文的审查包括内容和格式规范的审查。内容方面应能反映毕业设计工作的背景、任务、设计过程与实现、工具环境选择、测试效果等，并在理论上有深化和总结。格式规范方面则要求必须严格按照规范表述，论文逻辑清晰。

5）**毕业答辩**：毕业答辩一般采用学生汇报、答辩委员会提问的形式来展示毕业设计的成果，检查和评价毕业设计的效果和水平。

7.6　创新创业实践

2015年5月，为了进一步推动大众创业、万众创新，国务院办公厅发布《关于深化高等学校创新创业教育改革的实施意见》（国办发〔2015〕36号），明确指出：深化高等学校创新创业教育改革是国家实施创新驱动发展战略、促进经济提质增效升级的迫切需要，是推进高等教育综合改革、促进高校毕业生更高质量创业、就业的重要举措。党的十八大对创新创业人才培养做出重要部署，国务院也对加强创新创业教育提出了明确要求。

物联网工程专业的创新创业实践教学活动应该按照国家关于高等学校创新创业教育改革的要求进行设计和推动。本规范提出通过国家级大学生创新创业训练计划、举办全国大学生物联网设计竞赛等方式推动本专业创新创业实践教学活动的开展。

各办学单位要按照"兴趣驱动、自主实践、重在过程"的原则，鼓励本专业学生开展创新创业训练与实践。在项目培育的基础上，组织本专业的学生团队申报"国创计划"项目，组织符合条件的团队报名参加"全国大学生物联网设计竞赛"等学科竞赛，从而提升本专业学生的创新精神、创业意识和创新创业能力。

7.6.1　国家级大学生创新创业训练计划

2012年2月，教育部发布《关于做好"本科教学工程"国家级大学生创新创业训练计划实施工作的通知》，决定在"十二五"期间开始实施国家级大学生创新创业训练计划。通过实施国家级大学生创新创业训练计划，促进高等学校转变教育思想观念，改革人才培养模式，强化创新创业能力训练，增强高校学生的创新能力和在创新基础上的创业能力，培养适应创新型国家建设需要的高水平创新人才。

各办学单位可以根据物联网工程专业人才实践能力培养的需求，设置创新训练项目、创业训练项目和创业实践项目三类国家级大学生创新创业项目。创新训练项目是本科生个人或团队在导师指导下，自主完成创新性研究项目设计、研究条件准备和项目实施、研究报告撰写、成果（学术）交流等工作；创业训练项目是本科生团队在导师指导下，团队中每个学生在物联网项目实施过程中扮演一个或多个具体的角色，完成编制物联网商业计划书、开展可行性研究、模拟物联网企业运行、参加物联网企业实践、撰写物联网创业报告等工作；创业实践项目是学生团队在学校导师和企业导师的共同指导下，采用前期创新训练项目（或创新性实验）的成果，提出一项具有市场前景的物联网创新性产品或者服务，以此为基础开展物联网创业实践活动。

7.6.2　全国大学生物联网设计竞赛

通过举办学科竞赛推动物联网工程专业建设，培养本专业学生的创新能力，是教育部高等学校计算机类专业教学指导委员会及物联网工程专业教学研究专家组完善创新创业实践教学体系的一个重要举措。

"全国大学生物联网设计竞赛"（以下简称"竞赛"）是以学科竞赛推动专业建设、培养大学生创新能力为目标，面向高校大学生举办的全国性赛事。竞赛以促进国内物联网相关专业人才培养体系的建设，鼓励学生跨越从物联网创意设计到原型实现的鸿沟，激发学生的创造、创新、创业活力，推动创新创业教育的开展，助力大众创业万众创新支撑平台的建设为办赛方针，以高校大学生为主体，为高质量的物联网工程专业人才培养搭建交流、展示、合作的平台，并推动物联网技术在相关领域的应用与发展。

竞赛从2014年开始举办至今已经成功举办七届，2019年竞赛更是吸引了来自全国460余所各类高校的近2000支代表队报名参赛，注册参赛师生超过万人，已经成为国内物联网领域规模最大的学科竞赛。

在不断扩大竞赛规模和影响力的同时，组委会将作品质量的提升作为竞赛健康有序发展的重要工作。从 2017 年竞赛开始，组委会开始探索"自主命题＋合作企业命题"相结合的方式，逐步引导参赛队学习和选择竞赛合作企业提供的业界主流技术和平台设计参赛作品。

1. 自主命题

与大部分学科竞赛不同，物联网技术的特点是汇聚与融合，所以组委会支持参赛队进行自主命题。组委会不限定参赛作品所应用的技术平台，而是以推荐的形式将合作伙伴的优秀物联网技术解决方案分享给每一个参赛队，通过学校的学习和竞赛的培训，参赛学生可以使用任何与物联网相关的技术搭建充满无限创意的物联网原型作品。历届竞赛都有大量对物联网感知层、传输层和应用层技术进行探索的参赛作品，竞赛为在物联网各层面技术应用中发挥出色的参赛队设置专门的单项奖。

2. 合作企业命题

为了使广大师生更好地了解国内外物联网技术的前沿趋势，以及业界在物联网应用领域的最新成果，使参赛队能采用业界前沿技术和主流技术设计更有创意的竞赛作品，进一步提升竞赛作品水平，自 2017 年开始，竞赛组委会邀请合作企业设计了既有技术深度又兼顾应用广度、具有挑战性的竞赛命题方向。例如，2019 年竞赛组委会邀请了华为、德州仪器（TI）、中移物联网、谷歌、百度、Tridium、ZigBee 联盟、新大陆等在行业内具有影响力和知名度的合作企业设计了 8 个竞赛命题方向。竞赛组委会鼓励参赛队选择某一命题方向进行竞赛作品设计，竞赛合作企业为参赛队提供与命题方向相关的丰富软硬件，同时参赛队还有机会得到企业资深工程师给予的多种形式的技术指导。

第8章
物联网工程专业的办学条件

8.1 师资队伍

物联网工程专业依托计算机科学与技术、信息与通信工程、控制科学与工程、电子科学与技术等学科，具有交叉性和前沿性，符合国家新工科专业建设理念和战略性新兴产业发展需求。开办物联网工程专业的学校应该在计算机、电子信息、控制等学科领域具有办学历史，并在上述学科领域开设过相关专业。物联网工程专业的师资队伍包含专职教师和兼职教师。专职教师是指从事本专业教学活动的、学校在编的、具有教师专业技术职务的全部工作人员；兼职教师是指从企业、研究院所或其他高校外聘的教师。师资队伍中既要有科学研究型教师，又要有工程技术型教师。具体要求包括：

1）学校能够有效地支持教师队伍建设，吸引与稳定合格的教师，并支持教师自身的专业发展，包括对青年教师的指导和培养。师资队伍建设应有长远规划和近期目标，有吸引人才、培养人才、稳定人才的良性机制，通过教学科研实践活动提高师资队伍水平。

2）教师数量能满足教学需要，且结构合理，并有企业或行业专家作为兼职教师。应聘请一定比例的企业工程师为学生进行授课并担任指导教师，或者有计划地对学生进行工程教育和职业素养教育。专、兼职教师比例适宜，专职教师应不少于教师总数的 2/3。

3）专业教师具有足够的教学水平和专业能力。负责专业课程教学的专职教师中至少有2/3毕业于计算机、电子信息等相关专业，专职教师必须具有硕士或博士学位。

4）专业教师具有足够的工程经验，能够开展工程实践，参与学术交流，不断改进教学工作。作为工程类专业，受过良好工程训练、具备工程实践经验和工程科研经历的专职教师应不少于教师总数的1/2。

5）专业教师能够积极参与教学研究与改革，提升教学质量。

6）专业教师能够为学生提供指导、咨询、服务，并对学生职业生涯规划、职业教育进行必要的指导。

7）具有健全的助教制度，根据课程特点和学生人数配备适量的助教，协助主讲教师指导实验、组织讨论、批改作业、进行答疑等教学活动。

8）专业的生师比符合教育部相关规定。

8.2 教学资源

8.2.1 网络和图书资源

计算机网络以及图书资料资源应能够满足学生的学习以及教师的日常教学和科研所需，应做到网络和图书资源管理规范、共享程度高。

1）学校应具有适应本专业教学需要的图书馆或图书室，具有足额的图书资料采购费用，使图书资料每年能保持一定的更新比例。

2）图书馆生均图书册数应符合教育部规定，生均面积和阅览座位数应符合教育部相关规定。

3）图书资料种类丰富，应包括文字、光盘、声像等各种载体的中外文献资料。

4）可以充分利用计算机网络获取图书资料信息，通过加强图书馆的信息化建设，为师生提供网络环境下的多种信息服务。

8.2.2 教学和实验教材

物联网工程专业应该具备适应专业发展需要的高水平教学和实验教材。专业核心课程建议采用符合物联网工程专业规范的系列教材，其他课程可以使用现有计算机和电子信息等专业的教材。应选择注重基础理论、基本知识、基本技能的讲授，体现思想性、启发性、科学性、工程性、先进性、适用性，适合本专业培养目标和培养模式的教材。具体要求包括：

1）根据教学计划和人才培养的需要，选用符合专业规范的有影响、有特色的高质量教材，重视教学参考资料对课程教学的辅助作用。

2）加强教学案例库、实验案例库建设，整合教学资源，建设开放性精品课程或 MOOC，丰富网上资源，使学生能够方便地获取与课程相关的学习资源（包括课件、作业、实验指导资料等）。

8.3 实践环境

8.3.1 教学与实验环境

物联网工程专业的实验室及设备在数量和功能上应满足教学需要，并有良好的管理、维护和更新机制，使得学生能够方便地使用。本专业需要的实验条件包括：

1）实验室建设要有长远规划，既要注重专业基础实验，又要注重本领域新技术的发展，还要结合本专业特长和地方经济发展需求，建设专业实验室。

2）实验设备应该齐备、充足，能够满足教学实验的需要。实验室应提供开放服务，以提高设备的利用率。

3）实验室应有完善的管理机制，具备教学大纲、教学计划、实验项目卡、任务书、课表、实验指导书等规范材料，保证学生以学习为目的的各类实验需求。

4）实验技术人员应配备充足，并能够熟练地管理、配置、维护实验设备，保证实验环境的有效利用。同时，实验技术人员应具有熟练的实验操作技能，能有效地指导学生进行实验活动。

5）实验室内部应满足基本卫生、安全等条件，使用面积符合教育部相关规定。

8.3.2　实习实训基地

实习实训基地是实践教学环节的重要组成部分。物联网工程专业应与企业合作共建实习实训基地，在教学过程中为学生提供参与工程实践的平台，培养学生的工程素养和创新创业能力。学校应定期对实习实训基地进行评估，包括接收学生的数量、提供实践项目的质量、学生实践过程的管理和学生的实践效果等。

1. 校内实践创新基地

校内实践基地应能为参加实践教学环节的学生提供充足的设备使用时间，并配备专门的指导教师对学生的实践内容、实践过程等进行全面跟踪、指导。具体要求包括：

1）定期对实践基地教师进行培训和考核，定期更新实践项目，跟踪学生反馈意见和建议。

2）建立吸引企业工程技术人员短期入校、联合指导学生实践教学的机制，促进学生与企业联系。

2. 校外实践创新基地

广泛与相关单位开展合作，建立多类型校外实践创新及实习实训基地，并鼓励教师和学生到企业实习实践，从而提高学生运用物联网工程基本方法和技术的能力，缩短学校培养环节与企业人才需求间的距离。具体要求包括：

1）学生在校外实践创新基地学习期间，学校应指定有实践经验、责任心强的本校教师担任指导教师。

2）合作单位应派思想好、业务水平高的专业技术人员对学生进行技术指导，保证学生实习、实践、创新工作的顺利进行。

8.4 教学管理

学校的教学管理与服务规范应能有效地支持专业毕业要求的达成。专业应该建立教学过程质量监控机制。各主要教学环节应有明确的质量要求，通过教学环节、过程监控和质量评价促进毕业要求的达成并能够定期进行课程体系设置和教学质量的评价。

专业应该建立毕业生跟踪反馈机制以及有高等教育系统以外有关各方参与的社会评价机制。专业应该通过教学过程质量监控机制收集反馈信息，能够对反馈信息进行综合分析和利用，并用于改进教学质量、定期评价培养目标的达成情况。

专业的教学经费有保证，总量能满足教学实验需要。专业具有明确、稳定的经费来源和渠道，能够为学生的实践活动、创新活动提供有效支持。物联网工程专业作为工程类专业，需要近一年的实习时间，每个学生需要的教学实践经费应该高于现有的普通本科专业。

第9章
物联网工程专业规范的实施建议

9.1 物联网人才培养的生态体系

在教育部高等学校计算机专业指导委员会的指导下，物联网工程专业教学研究专家组从成立之初就创新性地提出运用系统论方法进行专业顶层设计，综合分析了物联网工程专业特色、建设目标、人才培养需求与规格、专业基本能力等内容，在此基础上设计了专业知识体系、课程体系和实践教学体系，在全国率先建立了包括专业发展战略研究、专业规范制定与推广、物联网工程专业教学研讨会、教学资源建设与共享、创新创业能力培养平台、产学合作协同育人专业建设项目等在内的物联网工程专业人才培养生态体系。

1. 专业发展战略研究

物联网工程是一个"新建专业"，又是一个围绕战略"新兴产业"设立的新专业，也是一个"与产业启动和发展同步"建设的新专业。"新建专业""新兴产业"和"与产业启动和发展同步"的"两新一同"属性，决定了物联网工程专业建设极具探索性。专家组进行了专业发展战略研究，从时间维度、空间维度、技术维度和应用维度界定了物联网工程专业的内涵和外延，编制了专业发展战略研究报告，该报告与专业规范一同在 2012 年 7 月出版。

2. 专业规范制定与推广

专家组在 2012 年 7 月制定并出版了《高等院校物联网工程专业发展战略研究暨专业规范（试行）》与《高等院校物联网工程专业实践教学体系与规范（试

行）》，并在随后的 6 年多时间里进行了规范的宣贯和推广，使 300 多所高校受益。专家组结合各办学单位反馈的规范使用意见，并根据物联网技术、产业和应用发展，历经近 4 年的时间完成了专业规范的修订工作。

3. 物联网工程专业教学研讨会

专家组联合机械工业出版社华章公司，每年不定期地举行物联网工程专业教学研讨会，通过课程示教、教学研讨、师资培训等多种方式进行物联网工程专业建设研讨。截至 2019 年底，已经举办了 15 次物联网工程专业教学研讨会，参加历次研讨和培训的专业教师近 1500 人次。

4. 教学资源建设与共享

在教育部高等学校计算机类专业教学指导委员会的指导下，经过专家组的努力，已在无锡、上海等国内领先的物联网产业集聚区完成了一批产学研共建物联网工程专业实践教学基地的建设和授牌，形成"物联网工程专业实习、实践旅游线路"，为国内各高校提供实习和实践的支持。在积累经验的基础上，目前专家组已经在国内分区域建设了近 20 个物联网工程专业实习实践基地。

专家组成立了物联网工程专业教材编委会，组织并出版了被列入"'十二五'国家重点图书出版规划"的物联网工程专业系列教材 10 部，特色教材 3 部，被 230 余所高校选用。

2015 年 4 月，创建了全国高校物联网工程专业教育资源共享联盟，启动专业核心课程 MOOC 建设，以解决专业师资和教学资源匮乏的难题。

5. 创新创业能力培养平台

从 2014 年开始，连续成功举办"全国大学生物联网设计竞赛"（以下简称"竞赛"），达到以学科竞赛推动专业建设、促进专业学生创新创业能力培养的目的，至今竞赛已成功举办六届。2019 年，竞赛吸引了来自全国 460 余所各类高校的近 2000 支代表队报名参赛，注册参赛师生超过万人，已经成为国内物联网领域规模最大的学科竞赛。

6. 产学合作协同育人专业建设项目

物联网专家组与 TI、Intel、谷歌等业内知名企业合作，在教育部产学合作协同育人项目中设立与专业建设相关的项目，通过产学合作共同推进物联网工程专业建设。

教育部计算机教指委鼓励各办学单位加入上述生态体系建设过程中，共同推动专业的可持续发展。

9.2　物联网工程专业培养质量保障体系

根据《普通高等学校本科专业类教学质量国家标准》的要求，各高校物联网工程专业在办学过程中应该重视本专业人才培养质量保障体系的建设。具体措施如下：

1）建立质量监控体系。教学质量监控是教学管理的重要环节，是保证教学质量的主要措施。首先，应制定教学各主要环节质量标准，包括培养方案与教学大纲制定、教学基层组织建设、教学组织与实施、考试与结果分析等环节的质量标准，规范人才培养过程；其次，健全教学质量监控组织，如教学指导委员会（含企业专家）、院校两级教学督导、学生信息员、教务科等机构，负责教学信息收集、教学过程及教学质量监控；第三，建立教学质量评估机制，对人才培养全过程进行分析、评估与诊断，实现教学质量全面管理。

2）建立毕业生跟踪反馈机制，及时掌握毕业生就业去向和就业质量、毕业生职业发展、用人单位对毕业生满意度等，以及毕业生和用人单位对培养目标、毕业要求、课程体系、课程教学的意见和建议。采用科学的方法对毕业生跟踪反馈信息进行统计分析，并形成分析报告，作为持续改进的重要依据。

3）针对人才培养各环节建立持续改进机制，不断提升教学质量，保证培养目标的达成及人才对社会需求的适应性。

9.3 物联网工程专业教育认证

为帮助物联网工程专业申请并通过工程教育专业认证，本规范给出如下建议。

1）**培养目标制定**：可根据社会需求及学校的办学层次与定位，依据本规范制定体现学校特色的人才培养目标，应反映学生毕业 5 年左右达到的职业发展预期目标。

2）**毕业要求制定**：毕业要求是学生毕业时达到的能力标准，应强调解决复杂工程问题的能力，可根据本规范制定适合本校培养目标的毕业要求，覆盖"华盛顿协议"的 12 条标准和计算机类专业补充标准。

3）**课程体系设置**：专业的课程体系设置要服务于专业培养目标，支持毕业要求的达成；课程体系设计过程应有企业或行业专家参与，满足企业和社会对专业人才的培养需求。按照工程教育认证标准，课程体系中的数学与自然科学类课程学分至少占总学分的 15%，工程基础类课程、专业基础类课程与专业类课程学分至少占总学分的 30%，工程实践与毕业设计（论文）学分至少占总学分的 20%，人文社会科学类通识教育课程学分至少占总学分的 15%。

4）**建立教学质量评价与持续改进机制**：要切实建立面向产出、持久有效、覆盖各个教学环节的质量评价机制。教学质量评价要围绕学生能力培养，对教学全过程进行评价，评价结果要用于持续改进。

5）**参照工程教育专业认证要求进行规范化教学**：应认真分析工程教育认证标准的内涵和具体要求，并据此规范教学过程，同时注重教学实施文档的收集与整理。

基于工程教育认证的教学规范如图 9-1 所示。

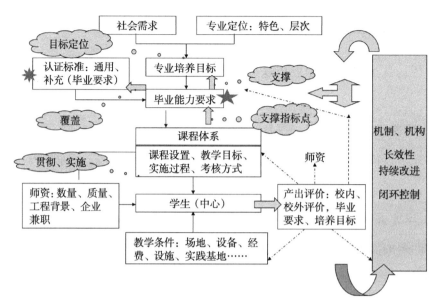

图 9-1　基于工程教育认证理念的本科生培养

9.4　培养方案制定的建议

培养方案是高校实施人才培养的根本性指导文件，是组织教育教学的主要依据。培养方案一般包含培养目标、毕业要求、课程体系和学制与学分等方面。各高校可根据本规范并结合自己的特色，制定物联网工程专业人才培养方案。

9.4.1　培养目标

物联网工程专业的培养目标必须公开、明确，符合学校定位，体现学校特色，适应社会经济发展需要，能反映学生毕业 5 年左右在社会与专业领域的预期。各高校应定期评价培养目标的达成度并根据评价结果对培养目标进行持续改进，培养目标的评价与修订过程应有行业或企业专家参与。

9.4.2 毕业要求

毕业要求是对学生毕业时应该掌握的知识和能力的具体描述，包括学生通过本专业学习应掌握的知识、技能和素养。专业必须有明确、公开的毕业要求，能全部覆盖工程认证标准（含通用标准和专业补充标准），毕业要求应能支撑培养目标的达成。

9.4.3 课程体系

课程体系设计应有企业或行业专家参与，应能支持毕业要求的达成。设计课程体系应该关注如下几方面的内容：

1）包含与本专业毕业要求相适应的数学与自然科学类课程（至少占总学分的15%）。

2）包含符合本专业毕业要求的工程基础类课程、专业基础类课程与专业类课程（至少占总学分的30%）。工程基础类课程和专业基础类课程应体现数学和自然科学在本专业应用能力培养中的作用，专业类课程应体现系统设计和实现能力的培养。

3）包含工程实践与毕业设计（论文）（至少占总学分的20%）。应设置完善的实践教学体系，并与企业合作，开展实习、实训，培养学生的实践能力和创新能力。毕业设计（论文）选题要结合本专业的工程实际问题，培养学生的工程意识、协作精神以及综合应用所学知识解决实际问题的能力。对毕业设计（论文）的指导和考核有企业或行业专家参与。

4）包含人文社会科学类通识教育课程（至少占总学分的15%），使学生在从事工程设计时能够考虑经济、环境、法律、伦理等各种制约因素。

各学校可结合培养目标与毕业要求，参照本规范对课程体系进行增减、组合、优化，构建符合自身需要的课程体系。应强调的是，课程体系中设置的课程内容应该覆盖专业规范的核心知识领域和知识单元。

需要特别说明的是，工程教育认证标准并未要求所有课程都支持毕业要求，各高校可利用最多20%的学分来设置体现培养特色的课程。

9.4.4　学制和学分

本专业学制为四年，学生修满学分并满足毕业要求后，可授予工学学士学位。

本专业可根据各高校的学分总体要求来规划课程学分。专业总学分数建议为150～180学分。每学分对应16～18学时的理论授课或32～36学时的实践。总课内学时数建议控制在2500学时左右，实验和实践类学时应该占总学时的1/3。如果学校的总学分不能满足上述要求，需要保证在设定学分内的课程体系能够支持毕业要求的达成和培养目标的实现。

参 考 文 献

[1] 教育部高等学校教学指导委员会. 普通高等学校本科专业类教学质量国家标准 [M]. 北京：高等教育出版社，2018.

[2] 中国工程教育专业认证协会. 工程教育认证标准 [S/OL].2017 年 11 月修订，http://ceeaa.org.cn/main!newsList4Top.w?menuID=01010702.

[3] 中华人民共和国国家质量监督检验检疫总局，中国国家标准化管理委员会. GB/T 33474—2016 物联网参考体系结构 [S]. 2017.

[4] 吴功宜，吴英. 物联网工程导论 [M]. 2 版. 北京：机械工业出版社，2018.

[5] 丁飞. 物联网开放平台——平台架构、关键技术与典型应用 [M]. 北京：电子工业出版社，2018.

物联网工程专业系列教材

教材内容遵循专业规范对知识体系和课程的要求

物联网工程导论（第2版）

作者：吴功宜 吴英 ISBN：978-7-111-58294-6 出版日期：2017-12-25

　　本书作为物联网工程专业学生的入门教材，从信息技术、信息产业以及信息化和工业化融合的角度，以物联网的体系结构为主线，清晰地描述了物联网涉及的各项关键技术，为读者勾勒出物联网的全景，并使读者理解物联网以及物联网和相关学科的关系。此外，本书给出了大量物联网及关键技术的应用案例，同时指出物联网关键技术中有待解决的前沿问题，使读者在了解物联网的同时找到专业研究的方向。

物联网技术与应用（第2版）

作者：吴功宜 吴英 ISBN：978-7-111-59949-4 出版日期：2018-06-07

　　本书针对物联网工程相关专业和非物联网专业学生的需求，从信息技术发展的高度分析物联网产生的背景和趋势，从物联网层次结构阐述物联网的组成和关键技术，帮组初学者对物联网建立系统、全面的认识。本书既涉及物联网的经典技术和方法，又涵盖大数据、人工智能、机器人、云计算、CPS等热点技术与物联网的关系及其应用，并选择了物联网10个典型应用领域，展示物联网未来发展方向，启发学习兴趣。

物联网工程专业系列教材

教材内容遵循专业规范对知识体系和课程的要求

传感器原理与应用

作者: 黄传河 出版日期:2015-04-01 ISBN:978-7-111-48026-6

　　本书系统全面地介绍常用传感器的结构、工作原理、特性、参数、电路及典型工程应用,覆盖传感技术研究中的新成果。

传感网原理与技术

作者: 李士宁 出版日期:2014-05-16 ISBN:978-7-111-45968-2

　　本书从传感器网络的各层协议、传感器网络的数据管理、传感器网络的关键技术到传感器网络的应用案例,层层深入进行讲述,为读者呈现出清晰的知识架构和学习路线。

物联网通信技术

作者: 吕慧 徐武平 牛晓光 出版日期:2016-03-02 ISBN:978-7-111-52805-0

　　本书系统、全面地介绍物联网通信技术的基础知识和基本技术,既有通信技术基础理论的深入解析,又有物联网通信前沿应用的介绍。

ZigBee技术原理与实战

作者: 杜军朝 出版日期:2015-03-16 ISBN:978-7-111-48096-9

　　本书使读者能够在理论上系统学习ZigBee技术知识体系并熟悉具体原理细节,在实践中熟练运用ZigBee技术开发无线传感器网络应用系统。

物联网工程专业系列教材

教材内容遵循专业规范对知识体系和课程的要求

物联网工程设计与实施

作者：黄传河　出版日期:2015-04-20　ISBN:978-7-111-49635-9

从工程方法论的角度，按照工程逻辑挑选、组织内容，让读者了解物联网系统的工程设计与实施方法，初步具备解决实际工程问题的能力。

物联网信息安全

作者：桂小林　出版日期:2014-07-09　ISBN:978-7-111-47089-2

从物联网信息安全的体系出发，采用分层思想，自底向上地论述物联网信息安全的体系结构和相关技术，使读者理解和认识物联网环境下安全风险和安全问题。

海量数据存储

作者：方粮　出版日期:2016-09-22　ISBN:978-7-111-54816-4

本书系统介绍数据存储的发展历史和最新技术进展，以及数据存储的基本原理、维护和管理方法。